石河子大学经管学术文库

资助来源：
➤ 石河子大学"中央引导地方高校改革发展资金学科建设项目"资助
相关项目：
➤ 2023年新疆维吾尔自治区天池英才"青年博士"引进计划项目
➤ 2024年度石河子大学高层次人才科研启动项目（项目编号：RCSK202403）

新疆棉花种植农户
绿色农业技术采纳行为研究

张静　雍会◎著

RESEARCH ON
THE ADOPTION BEHAVIOR OF
GREEN AGRICULTURAL TECHNOLOGIES BY
COTTON FARMERS IN XINJIANG

经济管理出版社
ECONOMY & MANAGEMENT PUBLISHING HOUSE

图书在版编目（CIP）数据

新疆棉花种植农户绿色农业技术采纳行为研究 ／ 张静，雍会著. -- 北京 ：经济管理出版社，2025.

ISBN 978-7-5243-0234-6

Ⅰ. S562

中国国家版本馆 CIP 数据核字第 2025F3P101 号

组稿编辑：曹　靖
责任编辑：杜　菲
责任印制：张莉琼
责任校对：王淑卿

出版发行：经济管理出版社
　　　　　（北京市海淀区北蜂窝 8 号中雅大厦 A 座 11 层　100038）
网　　址：www. E-mp. com. cn
电　　话：（010）51915602
印　　刷：唐山玺诚印务有限公司
经　　销：新华书店
开　　本：720mm×1000mm/16
印　　张：15
字　　数：231 千字
版　　次：2025 年 5 月第 1 版　　2025 年 5 月第 1 次印刷
书　　号：ISBN 978-7-5243-0234-6
定　　价：88.00 元

前　言

近年来，我国农业发展不断迈上新台阶，但由于化肥、农药、地膜等农业生产资料消费的逐步增加和农业废弃物的不恰当处理，导致农业环境污染日益严重，农田生态环境安全和农业可持续发展面临着严峻挑战。新疆处于干旱半干旱气候带，光热资源丰富，土壤条件适宜，非常适合棉花生长，但同时干旱少雨，土地沙漠化、盐碱化严重，生态环境极其脆弱。棉花是新疆农业支柱性产业，而新疆也是中国最大、世界最重要的优质商品棉生产基地。新疆棉花种植促进了农民增收和农业发展，但棉花种植过程中存在的过量施肥、超量施药、地膜回收不合理等诸多问题对生态环境产生了严重的影响。

绿色农业技术是指在生产、加工和管理过程中运用环保、资源节约、生态化的技术手段，实现高产、高效、高质、高效益的一种农业生产方式。农户作为"理性经济人"，在做出绿色农业技术采纳决策时，不可避免地要考虑成本、收益、风险等因素，因此在追求利益最大化的过程中极易为了经济利益而忽视了其他因素。生态环境作为"公共物品"，不受约束的农户经济人行为往往容易造成"公地悲剧"。仅仅依靠农户的自身力量难以实现绿色技术采纳的普遍性和普适化，因此需要借助外部力量予以辅助。那么，在我国现行制度下，特别是在具有干旱区特色的新疆棉花种植区域，农户在采纳/实施绿色农业技术的过程中受哪些因素的影响，其作用机理和响应路径如何？该研究对于提升干旱区绿色农业技术采纳效率，推进农业生态可持续发展具有重要意义。

本书以农户行为理论、计划行为理论、外部性理论和公共物品理论等相关理论为基础，利用新疆 33 个县（市）、团（农）场 863 户棉花种植农户的实地调研数据，构建了"技术认知—采纳意愿—采纳行为—激励政策"的理论逻辑分析框架。综合运用熵值法、因子分析法、Ordered-Probit 模型、SEM 模型等多种实证方法分析了农户对新疆棉花种植产前、产中和产后 8 种绿色农业技术的认知、采纳意愿和采纳行为，并选取 3 种采纳程度较低的单项技术进行了深入分析，同时对最具有典型性和代表性的技术——地膜回收技术进行案例分析。主要结论如下：

第一，棉花种植过程中不合理的生产方式和过度的农业开发会产生严重的生态负外部性，尤其以农业化学污染、白色污染为主，阻碍了农业绿色化发展进程。推动实施绿色农业技术对改善农业生态环境，实现农业可持续发展具有重要意义。

第二，农户对绿色农业技术具有较强的认知和采纳意愿，但是实际实施/采纳情况还有待提高，农户倾向于采纳边际成本低，易于操作、见效快的绿色技术。有 44.3% 的农户认为生态环境保护和发展农业经济同等重要。农户对 8 种绿色农业技术了解的平均分均没有超过 0.5，说明绿色农业技术宣传力度和推广程度还有待提高。在棉花种植过程中，测土配方施肥技术、生物有机肥施用技术和干播湿出技术的采纳程度较低；病虫害绿色防控技术和科学施药技术采纳程度适中；保护性耕作技术、膜下滴灌技术和地膜回收技术采纳程度较高。

第三，农户绿色农业技术的认知水平，受农户人力资源禀赋、经济资源禀赋、社会资源禀赋和政府规制的影响，政府规制中约束规制的影响最大。农户绿色农业技术认知包括经济价值认知、生态价值认知和社会价值认知。人力、经济、社会资源禀赋和政府规制显著正向影响农户绿色农业技术的经济价值认知、生态价值认知和社会价值认知。其中，文化程度、兼业情况、社会地位和社会网络关系对农户绿色农业技术的经济、生态和社会价值认知具有促进作用。劳动力数量对农户绿色农业技术的社会价值认知具有促进作用。而种植经验对农户绿色农业技术的经济价值认知具有抑制作用，种植面积对农户绿色农业技术的社会价值认知具有抑制作用，家庭总收入对农户绿色农业技术的生态价值认知具有抑制作用。

第四，采纳动机、农业社会化服务、信息能力和个人规范显著正向影响农户绿色农业技术采纳意愿，其中农业社会化服务的影响最大，即采纳动机→采纳意愿、农业社会化服务→采纳意愿、信息能力→采纳意愿、个人规范→采纳意愿的四条直接响应路径成立。农业社会化服务和信息能力通过作用于采纳动机显著正向影响农户的采纳意愿；责任归属通过作用于个人规范显著正向影响农户的采纳意愿；后果意识通过作用于责任归属和个人规范显著正向影响农户技术采纳意愿，即农业社会化服务→采纳动机→采纳意愿、信息能力→采纳动机→采纳意愿、责任归属→个人规范→采纳意愿、后果意识→责任归属→个人规范→采纳意愿的四条间接响应路径成立。农户绿色农业技术采纳意愿显著正向影响采纳行为，采纳意愿→采纳行为的响应路径成立。

第五，人力资源禀赋、政府规制、技术认知和采纳意愿对农户绿色农业技术采纳行为有显著正向影响，经济资源禀赋和社会资源禀赋有显著负向影响。从具体技术来看，人力资源禀赋、社会资源禀赋、政府规制和内在感知显著正向影响农户干播湿出技术采纳行为。其中，文化程度、种植经验、种植面积和党员身份有促进作用，劳动力数量具有抑制作用。经济资源禀赋、社会资源禀赋、政府规制和内在感知显著正向影响农户测土配方施肥技术采纳行为。其中，文化程度、种植经验、种植面积、党员干部身份具有促进作用，劳动力数量有抑制作用。人力资源禀赋、经济资源禀赋、社会资源禀赋、政府规制和内在感知显著正向影响农户生物有机肥施用技术采纳行为。其中，文化程度、劳动力数量、种植经验、种植面积、兼业农户、党员干部身份和加入合作社具有促进作用。内在感知在政府规制影响农户干播湿出技术、测土配方施肥技术和生物有机肥施用技术的采纳行为中发挥了部分中介作用，中介效应占总效应的比重分别为13.386%、19.012%和11.506%。

第六，以地膜回收绿色农业技术采纳为例，研究发现政府规制和感知价值对农户地膜回收行为产生了直接影响和间接影响。政府规制对农户地膜回收意愿的影响存在两条作用路径：一是强制模式下政府规制→农户地膜回收意愿的直接作用机制；二是内化模式下政府规制→感知价值→农户地膜回收意愿的间接作用机制。在感知价值对农户地膜回收意愿的正向作用中，信息获取能力具有正向调节效应。地膜回收行为的影响路径有以下三条：一是政府规制→地膜回收行为；二是地膜回收意愿→地膜回收行为；三是政府规制→地膜回收意愿→地膜回收行为。

根据研究结论，为有效提升农户绿色农业技术采纳程度，本书提出以下对策建议：一是加强绿色农业技术宣传，提高农户认知水平与价值感知；二是加快技术服务体系建设，构建现代农业技术推广模式；三是支持农业技术社会供给，提升农业社会化服务水平；四是完善绿色技术激励机制，提高绿色农业技术补贴力度；五是加强政府规制约束机制建设，构建完善的监督管理体系。

目 录

第1章 绪论

1.1 研究背景

中华人民共和国成立 70 多年来，我国农业走过了辉煌的发展历程，取得了举世瞩目的历史性成就，中国依靠自己的力量，用不到世界 9% 的耕地养活了全球近 20% 的人口，我国农业发展不断迈上新台阶。在农业高速发展的同时，由于化肥、农药、地膜等农业生产资料消费的逐步增加和农业废弃物的不恰当处理，导致农业环境污染日益严重，农业发展和生态环境保护之间矛盾日益突出，农田生态环境安全和农业可持续发展面临着严峻挑战。

我国农业主要依靠"高肥高药"等粗放式生产方式，以年均 4.6% 的速度持续增长了 40 年。1990~2021 年，我国化肥施用总量由 2590.3 万吨增长至 5191.3 万吨，施用强度由 174.59 千克/公顷增长至 307.73 千克/公顷，远高于国际化肥投入警戒标准 225 千克/公顷。我国化肥施用量占到世界化肥施用总量的 35%，相当于美国、印度的总和。农药施用总量由 1990 年的 73.3 万吨增长至 2021 年的 123.9 万吨，施用强度由 4.94 千克/公顷增长至 7.34 千克/公顷，远高于发达国家的农药施用强度，农药施用量占世界农药使用总量的 1/3。农用塑料薄膜施用量由 1990 年的 48.2 万吨增长至 2021 年的 235.8 万吨，地膜覆盖面积达到 17282.2 千公顷，是 1995 年的 2.66 倍。这些高投入、高消耗以及高排放的粗放型农业发展模式，给生态环境带来严重的负外部性影响，阻碍了我国农业绿色化发展的进程。

人们越来越意识到农业绿色发展的重要性和紧迫性。为应对日益严峻的农业面源污染等问题，党的十九大报告指出："推进乡村绿色发展，强化土壤污染管控和修复，加强农业面源污染防治，形成绿色发展方式和生活方式。"2017 年中央一号文件提出要推进绿色生产方式，增强农业可持续发展能力。2018 年中央一号文件要求深入推进农业绿色化，调整优化农业生产力布局，推动农业由增产导向转向提质导向。2019 年中央一号文件明确指出加大农业面源污染治理力度，开展农业节肥节药行动，实现化肥农药使用量负增长。发展生态循环农业，推进畜禽粪污、秸秆、农膜等农业废弃物资源化利用，下大力气治理白色污染。2022 年中央一号文件再次强调要推进农业农村绿色发展。从上述中央文件精神可以看出，综合治理农业污染，推行绿色生产方式，改善农业生态环境，倡导农业绿色转型发展势在必行。

新疆处于干旱半干旱气候带，光热资源丰富，土壤条件适宜，非常适合棉花生长，但同时干旱少雨，土地沙漠化、盐碱化严重，生态环境极其脆弱。棉花是新疆农业支柱性产业，而新疆也是中国最大、世界最重要的优质商品棉生产基地。自 1994 年起，新疆棉花总产、单产、种植面积、商品调拨量已连续 28 年位居全国第一。在农业生态环境极度脆弱的干旱区，棉花种植促进了农业发展，但长期过度耗费资源和未合理有效采纳绿色农业技术，对生态环境产生了严重的破坏。2021 年新疆棉花播种面积为 3759.26 万亩，占全国棉花种植面积的 82.76%；总产量达到 512 万吨，占全国棉花总产量的 89.5%。在棉花的种植过程中，不合理的生产方式和过度的农业开发会产生强烈的生态负外部性，肥料与农药等化学物质的过度使用产生的"农业化学污染"，以及地膜残留等产生的"白色污染"，对农业生态环境产生了强烈的影响。2021 年新疆农用塑料薄膜使用量为

26.15 万吨，地膜使用量为 24.04 万吨，地膜覆盖面积为 3606.23×10^3 公顷，其中，棉花地膜覆盖占农作物总播种地膜覆盖面积的 69.49%。新疆棉田地膜平均残留量在 260 千克/公顷以上，棉花地膜使用量和覆盖量常年稳居全国榜首，地膜平均残留量是全国农田的 4 倍多。2021 年新疆棉花种植过程中化肥施用量为每亩 48 千克左右，且种植过程中存在农药使用不当、化肥使用过量等诸多问题，对大气、土壤、水体、生物等生态环境产生难以恢复的交叉性"立体污染"。

作为绿色农业的重要内容，绿色农业技术的推广应用受到了学者们的广泛关注。绿色农业技术是指以生产安全、无污染的绿色农产品为目标的农业生产过程中各种技能、工具和规则体系（吴雪莲，2016）。绿色农业技术是农业高质量发展的重要举措，推广绿色农业技术是保护耕地质量、节约农业生产要素投入和减少面源污染的关键措施（周力等，2020）。同时，非绿色农业生产方式会降低生产效率，增加对水资源和土地的占用，破坏脆弱的生存环境。

农户作为农业技术扩散的终端需求者与最终使用者，是绿色农业技术得以顺利应用的关键。农户作为"理性经济人"，在做出绿色农业技术采纳决策时，不可避免地要考虑成本、收益、风险等因素，因此在追求利益最大化的过程中，极易为了经济利益而忽视了其他因素。而生态环境作为"公共产品"，不受约束的农户经济人行为往往容易造成"公地悲剧"。因此，仅仅依靠农户的自身力量难以实现绿色农业技术的采纳推广，需要借助外部力量予以辅助。政府通过宣传培训、技术推广、项目示范等引导规制，财政补贴、税费减免等激励规制，以及通过制定严格的法律法规来监督惩罚农户农业生产外部性行为，有助于降低农户绿色农业技术采纳的成本，弥补生产技术可能带来的成本损失和市场机制的缺陷，从而提高资源配置效率，规范农户的绿色农业技术采纳行为。

本书基于农户行为等相关理论，从农户个人特征以及经济、社会属性等范畴，构建"技术认知—采纳意愿—采纳行为—激励政策"的理论逻辑分析框架，根据对新疆棉花种植农户的微观调查数据，结合内部因素和外部刺激，探讨农户绿色农业技术认知、采纳意愿和采纳行为的主要影响因素和作用机理，并有针对性地提出促进农户绿色农业技术采纳行为的对策建议。本书研究的理论意义在于，深入分析了干旱生态脆弱区农户对新的绿色农业技术的采纳接受过程，从"认知—意愿—采纳"等一系列的影响因素及其意愿与行为偏好研究，丰富了具有干旱区特色的农户行为理论；实践意义在于，通过探讨新疆棉花种植农户绿色农业技术采纳行为，分析其采纳过程中的影响因素、作用机理和作用路径等，对引导政府调整和规范农户技术采纳行为、促进农户生产方式转变、实现农户节本增效、改善生态环境，提供理论支撑和决策参考。

1.2 研究目的和意义

党的十九大报告指出："推进乡村绿色发展，强化土壤污染管控和修复，加强农业面源污染防治，形成绿色发展方式和生活方式，坚持人与自然和谐共生。"党的二十大报告指出："推动经济社会发展绿色化、低碳化是实现高质量发展的关键环节。"在此政策背景下，研究农户绿色农业技术采纳行为，探讨其采纳过程中的影响因素和形成机理，对引导政府调整政策方向，规范农户技术采纳行为，推动农业绿色化和可持续发展具有重要的理论意义和实践意义。

1.2.1 研究目的

本书从农户视角出发，基于计划行为理论、外部性理论等，利用农户的微观调查数据，在"技术认知—采纳意愿—采纳行为—激励政策"的研究框架下，探讨研究新疆棉花种植农户绿色农业技术采纳行为，分析农户绿色农业技术采纳过程中的影响因素、作用机理和响应路径等，为促进绿色农业技术推广和应用提出相关对策建议。具体研究目标如下：

（1）分析我国绿色农业技术运用现状，新疆棉花种植生产现状以及棉花种植过程中绿色农业技术现状，棉花种植过程中产生的生态效应外部性，并对新疆棉花种植过程中绿色农业技术认知和采纳等情况进行分析。

（2）利用实地调研数据，运用 Ordered-Probit 模型，从人力资源禀赋、经济资源禀赋、社会资源禀赋和政府规制四个维度分析农户对绿色农业技术的经济价值认知、生态价值认知和社会价值认知及影响因素。

（3）在 MOA 理论和 NAM 理论的整合框架基础上，构建一个包含内在动机和外部环境共同作用的整合分析模型，运用 SEM 模型考察棉花种植农户绿色农业技术采纳意愿的影响因素及内在机理。

（4）从农户资源禀赋、内在感知和外部刺激出发，基于 S-O-R 拓展理论模型，构建一个包含内在感知和外部刺激的分析模型，运用 Ordered-Probit 模型分析农户资源禀赋、内在感知、政府规制、技术认知和采纳意愿对农户绿色农业技术采纳行为的影响。

（5）以地膜回收技术为例，构建有调节作用的中介模型，以感知价值为中介变量，信息获取能力为调节变量，从强制模式和内化模式两条路径，探讨政府规制影响农户地膜回收行为的作用机制。

（6）在理论分析和实证研究的基础上结合新疆棉花种植实际情况，提出提升农户绿色农业技术采纳行为的对策建议。

1.2.2 研究意义

1.2.2.1 理论意义

（1）提出了一个内外结合的农户绿色农业技术采纳行为研究视角。本书遵循行为经济学的研究范式，以计划行为理论和农户行为理论为基础，从内部因素和外部环境角度出发，构建了一个基于农户视角的"技术认知—采纳意愿—采纳行为—激励政策"理论逻辑分析框架，并在此框架下探究农户禀赋、政府规制、后果意识、责任归属、个人规范、机会、动机、能力、内在感知等对农户绿色农业技术采纳行为的影响。本书补充和丰富了农户行为研究，也为农户绿色农业技术采纳研究提供了较好的研究思路。

（2）丰富了干旱生态脆弱区农户行为理论相关研究成果。新疆干旱区生态环境脆弱，农户生产行为直接影响着生态环境。而农户选择是对收益与成本的综合考量结果，农户的个人资源禀赋、经济资源禀赋、社会资源禀赋等对其有着不同程度影响。政府规制等外部刺激等也会影响着农户绿色农业技术采纳行为。如果采纳绿色农业技术不能降低农户生产成本或增加农户经济收入，那么该技术的应用推广就会受到影响。因此，研究农户绿色农业技术采纳，对引导政府调整政策制定方向，规范农户技术采纳行为，推动农业绿色化和可持续发展具有重要的意义。新疆干旱区农户行为研究理论研究较弱，本书丰富了绿色农业技术应用推广理论在新疆干旱区的应用。

1.2.2.2 实践意义

（1）有利于推广绿色农业技术在棉花种植生产中的应用。通过分析新疆棉花种植农户绿色农业技术认知、采纳意愿及采纳行为的影响因素和作用机制，有利于了解和掌握农户绿色农业技术的需求，研究契合我国"小农经济"的基本国情，有利于推广绿色农业技术在棉花种植生产中的应用，为政府及相关部门有针对性提出可行性决策提供参考。在实践上对推动新疆生态环境保护、棉花产业绿色发展，促进农户增收具有重要的作用，同时对丰富我国绿色农业技术推广和扩散提供实践参考经验。

（2）有利于新疆生态环境保护和农业可持续发展。通过分析和研究新疆棉农绿色农业技术采纳行为，有利于政府制定政策规范和引导棉农采取正确、高效的绿色农业生产方式，同时发现现有管理制度的缺陷和监管不足。在借鉴国外监管制度、政策激励等先进管理体系和管理经验的基础上，提出有针对性的激励政策，有利于引导新疆棉花种植农户采纳绿色农业技术，规范其正确的生产行为，降低其生产行为的负外部性，促进新疆生态环境保护和农业可持续发展。

1.3　国内外研究综述

1.3.1　国外研究动态

1.3.1.1　农户行为相关研究

当代农户行为研究理论主要有三大学派：一是以恰亚诺夫（A. V. Chayanov）为代表的组织生产学派。该学派认为，在商品经济中，小农的决策行为与资本主义企业的行为有所不同，小农的经济发展依赖于自身劳动力，而不是雇佣外部劳动力。此外，小农在生产农产品时主要考虑满足自己的消费需求，而不是追求最大利润。二是以西奥·舒尔茨（T. W. Schuitz）为代表的农户理性行为学派。该学派认为，农户是一种理性的经济行为者，他们会对各种经济活动做出明智的选择，并以最优的方式分配有限的资源。农户理性行为学派的主要假设包括：农户是理性的，他们根据自身的利益来做出各种经济决策，以保证其最大化利益。农户是信息有限的，他们在做出决策的过程中会受到信息的限制和不完全性影响。农户是风险厌恶的，他们会尽可能地规避风险，以保证经济利益的最大化。基于上述假设，舒尔茨提出了一系列较为具体的理论和模型，主要包括决策模型、风险决策模型、信息不完全模型。舒尔茨从理性行为的角度出发，提供了一种科学、系统和实用的农户行为解释方法，对农业经济管理与政策制定具有重要的指导价值。三是以黄宗智为代表的学派。该学派指出"农户是一个需要考虑多重目标的复杂系统"，农户的行为决策不仅受到经济因素的影响，还受到社会、家庭、文化等因素的影响。黄宗智（1986）提出了农户行为的"三要素"——制度、环境和主体。其中，制度是指法律、政策和规章制度等规范农户行为的一系列制度；环境是指农村经济、社会、自然等各种环境因素；主体是指农户本身的特征，如年龄、文化程度、土地面积等。此外，黄宗智还提出了农户行为的"三种模式"，即计划模式、市场模式和混合模式。黄宗智的农户行为理论强调了农户的复杂性和多元性，提出了一系列概念和模式，对于深入理解农户行为、制定适宜的农业政策、提高农业效益具有重要的理论和实践意义。

国外关于农户行为的研究主要集中在以下几个方面：

（1）农户生产行为。研究农户在生产过程中的决策行为，包括土地利用、肥料使用、作物选择、种植技术等方面，探讨影响农户决策的因素以及决策对农业生产效率和环境的影响。Ghadiyali 等（2012）研究表明小农户在采纳新技术和新方法时，受到种种限制和挑战，需要考虑到多种因素，如农户经济、社会、文化背景等。Walisinghe 等（2017）对过去 20 年的相关研究进行了系统综述，发现经济、社会、文化、技术、政策等均对农民的采纳决策产生影响。

（2）农户消费行为。研究农户在消费方面的决策行为，包括农户的消费结构、消费水平、消费模式等方面，探讨影响农户消费行为的因素以及对农村经济和社会发展的影响。Achmad 和 Diniyati（2018）采用多元线性回归分析影响农户消费行为的因素，并纳入农民收入交换值（EVIF）来衡量福利水平，其回归结构显示，家庭规模、受教育年限和农业收入与消费行为呈显著正相关。Hamid 等（2021）采用广泛的规范激活模型，对伊朗西南部胡齐斯坦省拉姆希尔县的 200 名农民氮素消费行为意愿的影响因素进行调查分析，其结构方程建模结果显示，模型分别预测了 32% 和 45% 的意图和行为方差，个人规范是影响意图较强的预测因素，而态度和主观规范对意图没有影响。

（3）农户顺应性行为。研究农户在面临自然、经济和社会变化时的顺应性行为，探讨农户对变化的反应和适应策略，以及政策对农户顺应性行为的促进作用。Rizwan 等（2020）通过开发两个随机前沿模型，调查巴基斯坦不同类别稻农的生产特征、风险和效率的基础，其实证结果表明，家庭规模系数对从事非农工作的农民群体呈显著正相关，对从事非农工作的农民群体呈显著负相关。

（4）农户合作行为。研究农户在农业生产和社会网络中的合作行为，包括农户间的协作、社会资本、社区组织等方面，探讨合作对农业生产、经济发展和社会建设的影响。Wossen 等（2015）通过使用埃塞俄比亚的横截面和面板数据，探讨了不同维度的社会资本对不同风险厌恶程度的家庭采用创新型农田管理的影响，其结果表明，社会资本在加强采用改良的农田管理实践方面发挥着重要作用。社会资本对具有异质风险承担行为的家庭的影响是不同的。Núñez-Carrasco 等（2022）通过在阿根廷、玻利维亚和智利的三个农民组织中的进行实地调查和参与行动，分析了促进生产者组织、价值链出现和可持续性的社会、经济和环境因素，其结果表明，社会创新的成功和挑战为农民调动其社会资本并利用其文化和自然资本资源来实现包容性可持续性提供了经验教训。

（5）农户决策行为模型构建。研究者通过构建不同的农户决策行为模型，包括博弈论模型、计量经济模型等，以探讨不同因素对农户决策行为的影响。Khan 等（2015）综合运用心理学、工商管理学、农业经济学等研究方法，构建了农户农地投入决策的多变量模型，对爱丁堡农户的态度、目标、行为对农地投入行为的影响及其度量方法进行了研究。Corsi（2002）从经济学、社会学、人类学等学科的角度，综述了国内外的农户模型研究进展，并提出了未来的研究方向。Lamarque 等（2014）研究分析了生态系统认知如何通过环境变化对山地草原系统中的农民行为进行反馈。

1.3.1.2 农户绿色农业技术采纳行为研究

技术采纳行为的影响因素研究受到了国外学者的广泛关注，学者们从农户的个人特征、家庭特征、生产特征、认知特征以及组织特征等方面探讨了农户的技术采纳行为及影响因素。

资源禀赋对农户绿色农业技术采纳行为的影响。农户既是农业技术的采纳者也是传播者，农户自身决定了农户技术能否在微观层面得以有效推广和应用，农户受教育水平对其技术采纳行为具有显著正向影响，家庭劳动力数量正向显著影响农户采纳行为，家庭年收入是影响农户技术采纳行为的重要因素，农户的农作物种植习惯受到种植时间的影响，种植年限越长，越了解农药施用的相关知识和风险，越可能减少农药施用频率。Bukchin 和 Kerret（2018）研究认为个人资源禀赋中的积极情绪、性格优势和希望会对农民采用绿色创新技术的决定产生积极影响，且积极的情绪、性格优势和希望都是关联的，可能会相互影响。

农户内部因素对农户绿色农业技术采纳行为的影响。Lalani 等（2016）研究表明主观规范和感知行为控制显著影响农户使用保护性农业的意愿。Owusu 等（2019）研究表明农民的行为意向以及感知意识、态度、团体规范、感知行为控制等显著影响水稻种植农民采用绿色施肥技术的意图。Trujillo 等（2016）研究表明感知风险阻碍了可持续发展的实践道路，但风险承受能力调节了经济激励和技术采用之间的关系。Darkwah 等（2019）研究表明病虫害风险感知显著负向影响农户玉米种植中的水土保持措施数量。Valizadeh 等（2020）基于技术接受模型（TAM）的扩展版本，分析了伊朗 Miandoab 区的 346 名甜菜种植农民采纳滴灌的意愿，其结果表明，态度、感知易用性和感知有用性等变量对接受滴灌技术的行为意愿具有显著的正向影响，创新特征也对行为意愿有间接影响。Gao 等（2019）分析讨论了影响传统家庭和家庭农场农民绿色控制技术采用持续时间的因素，并发现风险偏好能够显著降低意识到技术采用的持续时间。Asiedu-Ayeh 等（2022）运用概率语言偏好选择指数方法，对加纳三个生态区 200 名稻农进行问卷调查，以评估促进新兴经济体中小农采用农业绿色生产技术（AGPTs）的行为结构，其结果表明，促进采用 AGPT 的五个最重要的因素包括知识、感知的成本和收益、描述性规范、道德和环境问题以及禁令规范。

外部环境对农户绿色农业技术采纳行为的影响。政府通过教育和培训等措施能够降低农户过量施用化肥农药的风险，促进农户化肥农药减量施用行为，政府农村金融机构的支持力度显著正向影响技术的应用及采纳程度，政府通过一系列的财政支出和补贴政策可以促进农户的化肥农药绿色施用行为。但 Devi 等（2015）的研究指出虽然补贴促进了采用生物制剂决策的经济获取，但它不能确保持续采用和科学上适当的应用（Devi et al.，2015）。还有学者研究发现，技术推广人员的培训指导和农业组织的技术服务均会影响农户节水灌溉技术采纳行为。Walisinghe 等（2017）使用了斯里兰卡 7 个大米采购区的横断面调查数据，利用概率模型探讨推广服务对稻农收养行为的影响，其结果表明，推广服务对 8 种水稻技术采用都具有高度的积极作用。

1.3.1.3 农户绿色农业技术采纳行为研究方法

在研究农户农业技术采用行为过程中，出现了一系列的研究方法。早期的研究方法主要集中在 Probit、Tobit 和 Heckman 等静态分析模型。近年来，学者在研究方法方面不断创新，不断地将主体空间模型、参与性农户评估法、久期分析模型、SEM 模型等方法运用到农业技术采用行为分析过程中。Ali 等（2011）利用倾向分数匹配方法，研究了巴基斯坦农民采用不同的杂草管理方法的情况，结果表明采用综合杂草管理措施的农户产量更高，家庭收入更高，棉花净收益更高。Aubert 等（2012）利用结构方程模型，从农户基本特征、技术有用性、技术易用性分析了农户精耕技术的采纳决策。Devi 等（2015）利用 Logistic 模型，分析了受教育程度、政府技术支持和补贴对绿色农业技术采纳的影响。Abate 等（2016）利用倾向得分匹配法，分析了农村金融发展对农业技术采纳的影响。Manda 等（2016）利用多项内生处理效应模型，评估采用可持续农业措施（SAPs）对赞比亚农村地区玉米产量和家庭收入的影响。Adnan 和 Nordin（2017）基于计划行为理论（TPB），采用偏最小二乘结构方程模型（PLS-SEM）方法来测度马来西亚稻民采用绿色肥料技术的影响因素。结果表明，直接和间接态度、间接主观规范以及直接—间接感知行为控制对技术采用意图具有积极和显著的影响。Verma 和 Sinha（2018）基于农村地区 327 名农户的问卷调查，采用结构方程模型实证检验感知有用性、感知易用性、社会影响力、态度、感知经济福祉和行为意图对采用基于移动的农业推广服务（AES）的重要影响。Ataei 等（2021）基于计划行为理论（TPB）和健康信念模型（HBM），采用结构方程模型对伊朗西部克尔曼沙阿省、洛雷斯坦省和哈马丹省的 480 名农民使用绿色农药的意图进行研究，其结果表明，道德规范，态度和自我认同的建构占使用绿色农药意图差异的 52.2%。Wang 等（2020）基于扩展规范激活模型，采用偏最小二乘结构方程模型，分析了巴基斯坦农民采用沼气技术的意愿，同时探讨了社交媒体的调节作用，其结果表明，后果意识、责任归属、环境关注和感知的消费者效率对农民的个人规范产生了显著的影响，社交媒体也发挥了调节作用。

1.3.1.4　棉花种植过程中的绿色农业技术采纳相关研究

Khan 和 Damalas（2015）通过对巴基斯坦两个地区的 318 名随机选择的棉农进行问卷调查，探讨了棉农避免农药健康风险的支付意愿水平（WTP），其结果表明，高水平的农药风险认知、过去的农药中毒经历、高教育水平和高收入与农民对农药健康风险较小的高 WTP 相关，老年农民似乎比年轻农民更有可能为安全农药支付额外费用，因为他们有更高的农业经验和收入，受过良好教育的农民更有可能为安全的农药支付更高的溢价，大型农场规模是正向 WTP 的显著预测因子（这被解释为测量农民财富的一个指标）。Grabowski 等（2016）结合调查和半结构化访谈的数据，探讨了赞比亚东部棉农采用免耕的动机，以及采用和不采用手锄和牛拉最少耕作（MT）的决定因素，其结果表明，农民并没有被传统的锄地和耕作所困，而是在仔细评估采用机器耕作的收益和成本。Pokhrel 等（2018）使用 2013 年棉花精准农业调查数据来研究美国 14 个州的棉农采用灌溉技术的情况，研究发现，来自南部平原（得克萨斯州和俄克拉荷马州）的灌溉产量较高的农民采用节水灌溉技术。灌溉技术的强度受实现的灌溉棉花产量、土地持有量、教育、计算机使用以及棉农来自南部平原等因素的影响。影响不同灌溉技术土地分配的重要因素是经营者的年龄、覆盖作物、使用的信息来源、每英亩灌溉产量、教育和来自南部平原的棉农。

1.3.2　国内研究动态

1.3.2.1　农户行为相关研究

在国外农户行为理论的研究基础上，国内学者基于我国特殊国情，研究分析我国农户各种决策行为。近年来，国内关于农户行为的研究主要集中在对农户的生产者行为和消费者行为的研究上。农户生产行为是指农民在农业生产过程中所表现出的行为，是实现农业可持续发展的关键，其受到许多因素的影响，如社会经济因素、自身素质、政策因素等。柴玲（2017）利用黑龙江省水稻种植户的调查数据，分析研究表明水稻种植户的生产行为受经营类型、种植意愿、水稻价格和是否参加种植培训等因素的显著影响。何悦（2019）探讨了川渝柑橘种植户绿色生产行为的影响因素、形成机理和影响路径。马兴栋（2019）对苹果种植农户标准化生产行为的市场有效性、网络嵌入及其影响、制度信任与外部规制等进行了实证研究。农户消费行为是指农民在日常生活中的消费行为，包括食品、饮料、家用电器等方面。随着农村经济发展和消费水平的提高，农户消费行为受到越来越多的关注。国内的研究主要集中在农村消费结构、消费习惯、消费能力等方面。刘志娟（2018）的研究表明，种植规模、绿色农产品种植年限、绿色农产品生产及认证培训活动参与次数显著影响农户绿色农产品生产，家庭总收入、环保购买动机、健康购买动机等对其绿色蔬菜消费量占比有显著影响。刘浩（2021）的研究表明，退耕还林工程促进了农户的消费增长但对改善农户消费结构的作用有限。

此外，农户行为还包括农户创新行为和农户风险行为。农户创新行为是指农民在农业生产、经营和生活中所表现出的创新行为。随着农村经济的发展和技术的进步，农村创新已成为农村经济发展的重要动力。国内的研究主要集中在农户创新行为的影响因素、创新能力、创新动力等方面。苟兴朝和杨继瑞（2019）指出，"农业共营制"是农业生产经营模式的创新，在农地流转制度和农业分工深化方面具有理论创新意义。杨天荣和李建斌（2020）基于农业技术供给主体的行为逻辑，对实践中农民专业合作社创新发展进行了实证分析，探讨了农民专业合作社通过农业技术应用实现创新发展的思路。钟琳等（2020）以福建省安溪县茶农为研究对象，借鉴罗杰斯创新技术采纳理论，对经营特征、盈利期望、生态情感、有机茶技术采纳态度及技术采纳行为5个变量进行实证检验，以此揭示农民盈利期望、生态情感与有机茶技术采纳态度及行为之间相互作用的影响机理。姜长云等（2021）基于对黑龙江省LX县发展农业生产托管服务的案例观察发现，发展农业生产托管服务应将推进制度创新与降低制度创新的成本和风险结合起来，将促进粮食增产、农民增收与促进利益相关者合作共赢结合起来。农户风险行为是指农民在面对风险时所采取的行为表现。农村经济的特殊性使得农民面临着许多不确定性的风险，如天气变化、市场波动等。国内的研究主要集中在农户风险认知、风险决策、风险管理等方面。贺志武等（2018）利用甘肃省张掖市甘州区节水灌溉技术推广示范区540份农户调查问卷，探讨了风险偏好、风险认知对农户节水灌溉技术采用意愿的作用机制。肖望喜等（2020）利用湖南柑橘农户调查数据，基于农户禀赋视角，实证分析了农户风险可控感与各类农户禀赋因素对柑橘农户自然风险认知的影响。尚燕和熊涛（2020）利用2018年东北三省和湖北省种植大户的调查数据，从自然风险与市场风险两方面，刈农户风险管理的意愿、行为及其悖离进行分析，并探究形成背离的原因。乔丹等（2022）采用Triple-Hurdle模型实证分析了海南省634份农户互联网应用对政策性农业保险购买意愿、行为和力度的影响，并检验了互联网应用通过信息渠道、重要性认知和风险规避等影响农户政策性农业保险购买的作用机制。

1.3.2.2 农户绿色农业技术采纳行为研究

20世纪90年代，国内学者开始关注农户的技术采纳行为，由此产生了一系列研究成果。

（1）关于农户绿色农业技术认知及影响因素研究。黄玉祥等（2012）的研究表明，农户对节水灌溉技术的认知受到农户基本特征、技术特征、技术培训经济及种植经验等因素的影响。李莎莎等（2015）的研究表明，农户对测土配方施肥技术的认知受到农户自身特点、家庭资源禀赋特征、外部环境等显著影响，在测土、施肥技术培训等公益性环节增强对农户的服务力度，有助于提高农户对测土配方施肥技术的认知度。吴雪莲（2016）的研究表明，农户绿色农业技术认知广度和深度受农户的个人特征、家庭特征、技术信息自我诉求以及技术推广服务水平四个方面的影响。谢贤鑫和陈美球（2019）的研究表明，行为态度、主观规范和知觉行为控制对农户生态耕种采纳意愿有着显著的影响，其中，政策补贴和技术培训变量是影响农户采纳意愿的关键因素。

（2）关于农户绿色农业技术采纳意愿及影响因素研究。国亮和侯军岐（2012）的研究表明，40~50 岁的农户对节水灌溉技术的采纳意愿更强，文化程度越高、经济基础较好且农业收入占比较高的农户对农户采纳节水灌溉技术的采用可能性越高。刘洋等（2015）的研究表明，性别、受教育程度、感知易用性、感知有用性、邻居的影响、生态环境关注程度是影响农户绿色防控技术采纳意愿的关键因素。李子琳等（2019）的研究表明，感知有用性、感知易用性、主观规范是影响农户测土配方施肥技术采纳意愿的关键因素。颜玉琦等（2021）的研究表明，行为态度、主观规范和感知行为控制对农户环境友好型耕地保护技术采纳意愿有显著促进作用。并且，农户的生态理性、邻里之间的交流和示范、有效的技术培训和咨询指导服务都能提升农户技术采纳意愿。

（3）关于农户绿色农业技术采纳行为及影响因素研究。耿宇宁等（2017）的研究表明，经济激励和社会网络显著促进了农户对绿色防控技术的采纳。王世尧等（2017）的研究表明，决策者周围农户的技术采用率越高、新技术的预期产量优势越明显，价格指数变化越快，农户越有可能接受和扩散新技术。张童朝等（2019）基于利他倾向与有限理论性研究视角，考察了农民的秸秆还田技术采纳行为，研究表明兼业、收入、经营规模和价值认知显著影响农民秸秆还田技术采纳意向。郭清卉等

（2019）的研究表明，描述性和命令性社会规范能直接正向影响农户对化肥减量化措施的采纳程度，还可以通过个人规范的中介作用间接影响农户采纳行为。畅华仪等（2019）的研究表明，技术服务感知在农户生物农药采用决策中发挥了重要作用，而技术获取感知的影响较小。黄晓慧等（2019）基于农户感知价值理论，探讨感知价值对农户水土保持技术采用行为的主效应，研究表明农户年龄、农用机械数量、耕地面积、农户之间相互信任以及感知利益和感知风险都显著正向影响农户水土保持耕作技术。李福夺等（2019）的研究表明，南方稻区农户农田轮作绿肥决策行为受农户年龄、是否为村干部、家庭收入、社会和生态福利认知水平以及政策宣传和种植补贴等因素的影响。杨飞等（2019）的研究表明，农户节水技术的采用行为受农业水资源短缺感知、兼业程度、年龄、耕地面积、相互相信、政策了解程度等变量的影响。

学者们还从不同研究主题、研究方向和研究维度探讨了影响农户绿色农业技术采纳行为的主要因素。总体来看包括农户的资本禀赋、内部因素和外部环境。

资源禀赋对农户绿色农业技术采纳行为的影响研究。孔祥智（2005）将农户禀赋分为个人禀赋和家庭禀赋，考察农户禀赋对陕西、宁夏、四川三省区保护地生产技术采纳行为的影响。张郁等（2015）的研究表明，人力资源禀赋中的受教育程度、健康状况和参与培训次数，社会资本禀赋中加入合作社，经济资源禀赋中养殖规模对养殖户环境行为有正向影响。刘可等（2019）的研究表明，禀赋不足和结构不合理制约生态生产行为实施，农户物质资本禀赋、人力资本禀赋和社会资本禀赋水平均显著正向影响农户生态生产行为。刘丽（2020）从经济资源禀赋、自然资源禀赋和社会资源禀赋三个维度探讨了不同类型农户对水土保持耕作技术认知的影响以及差异。黄晓慧（2019）从农户资本禀赋（物质资本禀赋、自然资本禀赋、人力资本禀赋、金融资本禀赋、社会资本禀赋）和政府支持角度出发，定量分析了农户对水土保持技术的增产价值、增收价值和生态价值认知的影响。李成龙（2020）将农户的资源禀赋分为自然资源禀赋、人力资源禀赋、经济资源禀赋和社会资源禀赋，通过研究发现总体资源禀赋水平的提高可以有效促进农户实施生态生产行为，其中自然、经济、社会资源禀赋显著正向影响农户生态生产行为。类似资源禀赋的分类研究还包括丰军辉等（2014）。从具体的资源禀赋指标来看，农户的绿色农业技术认知、采纳意愿和采纳行为受到年龄（张童朝等，2020），文化程度（唐林等，2021），户主健康状况（王学婷等，2021），家庭农业劳动供给（周力等，2020），种植年限（冯晓龙和霍学喜，2016），种植面积（熊鹰和何鹏，2020），非农就业经历（罗明忠和雷显凯，2022），信息获取能力（高杨和牛子恒，2019），农户认知能力（张红丽等，2020），社会网络关系（余志刚等，2022），党员、村干部身份（陈强强等，2020），是否加入合作社（徐清华和张广胜，2022）等因素的影响。

内部因素对农户绿色农业技术采纳行为的影响研究。盖豪等（2020）的研究表明，对于农户持续采用秸秆机械化还田技术来说，低感知技术适用的农户比高感知适用的采用可能性更高，感知成本投入显著正向影响农户秸秆机械化还田持续采用行为。仇焕广等（2020）基于实地调查数据，研究表明风险感知对风险偏好影响农户保护性耕作技术采纳具有正向调节作用。杨福霞和郑欣（2021）基于价值感知视角，运用微观调查数据研究表明价值感知在生态补偿影响农户绿色生产行为的过程中起到了显著的调节作用。张嘉琪等（2021）基于拓展技术接受模型的多群组分析方法，研究表明感知有用性和感知易用性正向影响农户秸秆还田技术采纳行为。牛善栋等（2021）的研究表明，感知社会利益显著正向影响农户黑土地保护行为，感知经济、生态利益负向影响农户黑土地保护行为。吴璟等（2021）的研究表明，经济价值感知、生态价值感知和社会价值感知对农户费用型和资产型耕地质量保护措施行为有显著影响。杜三峡等（2021）的研究表明，技术风险感知和市场风险感知显著正向影响稻农生物农药技术采纳行为，且农业社会化服务能有效缓解风险感知对稻农生物农药技术采纳行为的抑制作用。苑甜甜等（2021）基于刺激—有机体—反应理论分析框架，运用结构方程模型研究表明内在感知显著正向影响农户有机质改土技术采纳行为，且在外部刺激和采纳行为之间发挥中介作用。

外部环境对农户绿色农业技术采纳行为的影响研究。叶琴丽等（2014）的研究表明，政府补贴力度对集聚农民的共生认知具有显著的正向影响。黄腾等（2018）的研究表明，享受过政府资金支持节水技术的农户，对节水灌溉技术的认知水平更高。黄晓慧等（2019）利用黄土高原地区的实地调研数据，研究表明政府支持对农户水土保持技术采用具有正向影响，对农户的认知与技术采用具有正向调节作用。李芬妮等（2019）的研究表明，政府采取的环境保护、环境治理宣传教育等引导规制措施，可增强农户对绿色生产行为的认知。唐林等（2020）的研究认为，政府规制通过提供资金补贴或技术支持弥补了生产技术带来的成本损失，进而提高了农户进行绿色生产的积极性。苑甜甜等（2021）的研究表明，政府培训等可以有效提高农户技术采纳行为。费红梅等（2021）的研究表明，约束规制对吉林黑土地区纯农户耕地质量保护行为具有显著的影响。罗岚等（2021）的研究表明，政府规制、市场收益激励显著正向影响果农绿色生产技术采纳行为及采纳程度，且通过调节政府规制与采纳程度的关系，可以影响市场收益激励对绿色生产技术的采纳程度。

1.3.2.3 农户绿色农业技术采纳行为研究方法

21世纪以来，国内对于绿色农业技术采纳行为的研究方法有了很大的突破，逐渐由定性分析向定量分析转变，实证方法的运用也得到了很大程度的创新，关于农户绿色农业技术采纳行为及影响因素的研究方法主要有以下几种：

（1）Logistic模型。杨燕和翟印礼（2017）以辽宁省半干旱地区199个林农为研究对象，采用二元Logistic回归和多项式Logistic模型对林农林业技术采用行为进行了统计分析。陈强强等（2020）基于生态理性构建了农户秸秆处置行为分析框架，运用Logit模型对甘肃省旱作区424个农户秸秆焚烧与饲料化利用意愿及其影响因素进行分析。赵向豪等（2018）采用二元Logistic模型构建农户安全农产品生产意愿的形成机理及分析框架，研究表明以农户对相关法律政策、耕地质量保护和农业投入品应用的认知为重要支撑。刘铮等（2019）运用二元 Logistic 回归模型分析发现，农户测土配方施肥技术采纳行为受教育程度、信息获取能力、种植收入占总收入比例、种植规模、政府补贴、技术培训以及土地流转等因素影响。李傲群和李学婷（2019）从计划行为理论视角构建解释农户农业废弃物循环利用决策框架，并基于湖北省 400 户农户调查数据，采用二元 Logistic 回归模型探讨农户农业废弃物循环利用的内在机制。

（2）Ordered-Probit 模型。褚彩虹等（2012）运用 Probit 模型分析发现，农户对施用有机肥和测土配方施肥技术的采纳存在互补效应。王思琪等（2018）以测土配方施肥技术为例，运用 Ordered-Probit 模型实证分析农户江西省 554 户农户分化对环境友好型技术采纳行为的影响。张淑娴等（2019）以农药化肥施用为例，基于江西省的 2068 份农户问卷调查，运用 Ordered-Probit 模型分析了不同经营规模农户的生态耕种行为差异性及其影响因素。潘世磊等（2018）运用双变量 Probit 模型分析了浙江省丽水市 370 户农户从事绿色农业的意愿及其行为的影响因素。李昊等（2018）为深入分析经济作物种植户农药施用行为及其影响因素，并克服现有研究方法的缺陷，运用贝叶斯多变量和单变量 Probit 模型对种植户农药施用行为影响因素进行分析。李娇和王志彬（2017）基于张掖市 544 份农户节水灌溉技术采用情况的调研数据，运用 Probit 模型、Tobit 模型分别对农户节水灌溉技术的采用与否行为和采用率行为进行了实证分析。胡乃娟等（2019）采用 Logistic 模型与解释结构模型（ISM），分析了农户在稻麦轮作农田施用有机肥的影响因素及其层次结构。

（3）结构方程模型。俞振宁等（2018）通过构建农户参与休耕行为的结构方程模型，研究发现农户遵循"认知—意愿—行为"的基本路径参与重金属污染耕地治理式休耕行为。杜运伟等（2019）运用结构方程模型实证检验农户的个体自然特征、家庭绿色生产能力、绿色生产认知和政府政策导向对农户的绿色生产意愿有较强的影响，农户的社会身份特征和社会责任意识对农户的影响较小，农户的收益感知和成本感知在显著性影响因子与绿色生产意愿之间起到中介作用。程琳琳等（2019）基于社会嵌入理论，运用结构方程模型实证分析网络嵌入与风险感知对湖北省615个农户绿色耕作技术采纳行为的影响路径及其群组差异。吴雪莲等（2016）基于改进的 MOA 理论框架，利用 SEM 模型，分析了湖北省3市农户的采纳动机、采纳机会、能力、信任与农户水稻秸秆还田技术采纳意愿间的逻辑关系。

（4）其他模型。张聪颖等（2017）采用倾向得分匹配法，对陕、甘、鲁、豫苹果主产区807个苹果种植户样本测土配方施肥技术的实施效果进行评价。李紫娟（2018）以湖北省265户柑橘种植户的调查数据为依据，基于计划行为理论，采用层次回归分析法探究农户采纳行为的心理归因。李艳和陈晓宏（2005）从博弈论的研究视角出发，探讨了农业灌溉水价与农户采纳节水灌溉技术间的关系。马才学（2018）采用 STIRPAT 随机回归模型分析了武汉市城乡结合部不同生计类型的农户农药化肥施用差异。侯晓康等（2019）采用 Heckman 两阶段模型，分析我国苹果主产区1079个样本农户测土配方施肥技术动态采纳行为影响因素，并运用 ESR 模型考察农户采纳该技术所带来的农业收入变化。

1.3.2.4 棉花种植过程中的绿色农业技术采纳相关研究

李祥妹等（2016）在构建理论分析框架的基础上，采用二元 Logistic 模型研究表明农户家庭种植棉花面积越大，其出售秸秆的可能性就会越大。马瑛（2016）的研究表明，农户的受教育程度、棉花种植面积的大小、参与棉花专业合作社对于棉农废弃物处理方式的选择具有正向作用。王力和毛慧（2014）的研究表明，种植面积、种植品种数量、技术培训及标准化农产品价格对棉农实施标准化生产有显著影响。侯林岐等（2019）利用 Logistics 模型研究了社会规范、生态认知对新疆1056户棉农地膜回收行为、地膜机械化回收行为和地膜资源化处理行为的影响。王彦发和马琼（2019）的研究表明，棉农的残膜回收行为受棉农年龄、种棉年限、残膜危害认知、劳动力数量、政府关注程度等因素影响。王太祥和杨红红（2021）利用新疆 697 位棉农的调研数据，通过实证研究表明社会规范显著正向影响农户地膜回收意愿，生态认知在社会规范影响农户地膜回收意愿的过程中起到中介作用。程鹏飞等（2021）基于新疆 1432 个样本调查数据，研究表明农户绿色生产行为受到内在感知和外部环境的综合影响，其中外部环境是农户认知与绿色行为之间重要的调节变量。毛慧等（2021）运用新疆植棉农户的田野调查数据，研究表明参与农业保额越高的农户，越倾向于采用绿色农业技术。

1.3.3　研究述评

国内外学者对农户行为、绿色农业技术采纳行为、采纳行为的研究方法以及棉花种植过程中的绿色农业技术采纳等进行了大量研究。国外相关研究起步较早，学者们采用经济学、社会学和心理学等交叉学科分析了农户技术采纳行为，该方面的研究呈现出两大趋势：一是研究对象从传统农业技术转向绿色农业技术；二是研究主体从农户个体转向整个系统。以上研究均为本书提供了坚实的理论基础和写作参考。

但现有研究仍然有以下发展空间：一是国内外关于苹果、水稻等作物的农户行为研究较多，而关于新疆棉花种植过程中绿色农业技术的研究，主要还停留在棉花种植技术本身的研究上，而对于棉花种植行为的研究较少，主要集中于测土配方施肥、地膜回收等单一绿色技术采纳行为，没有系统全面的分析棉花种植过程中涉及的绿色农业技术行为采纳研究。本书研究填补和丰富了棉花种植农户绿色农业技术采纳行为，对制定推广绿色农业技术政策，具有重要的参考价值。二是农户绿色农业技术采纳行为研究是一项自上而下、多方共同参与的系统性工程，农户的行为选择是在个人资源禀赋的基础上，通过内在感知和外在刺激共同作用的行为导向。因此，本书研究把两者纳入同一研究框架，是对以往研究内容的补充和完善，同时也能更有针对性地提出相关对策建议。特别是实证研究的最后一章选择新疆棉花种植绿色农业技术中最具有典型性和代表性的技术——地膜回收技术进行案例分析，对内容的解释更具有说服力。三是现有文献对农户技术认知、采纳意愿和采纳行为的研究，多采用二元 Logit 或 Probit 模型进行实证分析，本书的被解释变量技术认知选用了三个维度进行表征，采纳意愿选用了四个维度进行表征，采纳行为则选用了采纳程度进行表征，从内容上和层次上更为丰富也更符合现实中农户绿色农业技术采纳行为。四是在技术采纳意愿和采纳行为两章，基于计划行为理论和技术接受模型，从心理学和农户经济学的理论视角，通过 MOA 理论和 NAM 理论的整合框架，构建了一个包含内在动机和外部环境的整合分析模型，运用结构方程模型考察棉花种植农户绿色农业技术采纳意愿的影响因素及内在机理。同时从农户资源禀赋、外部刺激、内在感知出发，基于 S-O-R 拓展理论模型构建农户绿色农业技术采纳行为模型，从强制模式和内化模式两条路径探究政府规制对农户绿色农业技术采纳行为的影响及作用机制。研究方法的应用上有所创新。

基于此，本书在国内外相关研究成果的基础上，基于农户行为理论、计划行为理论、外部性理论和公共物品理论等相关理论，利用新疆棉花种植农户的实地调研数据，在分析农户技术采纳激励机理的基础上构建了"技术认知—采纳意愿—采纳行为—激励政策"的理论逻辑分析框架，从内部因素和外部环境出发，通过理论分析与实证验证探讨影响农户绿色农业技术认知、采纳意愿和采纳行为的关键影响因素和作用路径，进而为政府政策激励提供参考方向。

1.4　研究内容、方法与技术路线

1.4.1　研究内容

本书共有 9 章：

第 1 章：绪论。主要阐述了研究的背景、研究目的以及研究意义，对国内外的研究进展和动态进行梳理和述评，并对研究内容、方法和技术路线以及研究的创新和不足之处进行说明。

第 2 章：相关概念界定与理论基础。对研究中涉及的相关概念进行界定与规范分析，如农户、农户行为、绿色农业、绿色农业技术等；总结和梳理研究所需的理论基础，如农户行为理论、计划行为理论、外部性理论和公共产品理论；对农户绿色农业技术采纳行为的影响机理进行分析并构建理论分析框架，为全文研究奠定理论基础。

第 3 章：棉花种植生产现状及绿色农业技术运用情况。首先分析我国绿色农业技术应用现状，其次分析新疆棉花种植生产现状，再次分析棉花种植过程中产生的生态效应负外部性，最后分析产前（干播湿出技术）、产中（病虫害生物防控技术、测土配方施肥技术、生物有机肥施用技术、科学施药技术、膜下滴灌技术）和产后（地膜回收技术、保护性耕作技术）8 种绿色农业技术在棉花种植过程中的应用情况。

第 4 章：农户绿色农业技术采纳现状及特征分析。首先对调研数据来源与样本特征进行描述性统计分析，介绍了课题组开展的调研工作、主要调研内容及样本农户的基本特征。其次利用微观调研数据，对样本区农户绿色农业技术认知情况、采纳意愿、采纳行为进行了描述性统计和具体分析。最后对农户绿色农业技术采纳过程中存在的问题进行了总结。

第 5 章：农户绿色农业技术认知分析。引入人力资源禀赋、经济资源禀赋、社会资源禀赋和政府规制四大因子，采用 Ordered-Probit 模型实证分析资本禀赋和政府规制对农户绿色农业技术价值认知的影响，包括绿色农业技术的经济价值认知、生态价值认知和社会价值认知。

第 6 章：农户绿色农业技术采纳意愿分析。基于行为心理学和农户经济学的理论视角，在 MOA 理论和 NAM 理论的整合框架基础上，构建了一个包含内在动机和外部环境共同作用的整合分析模型，运用因子分析法和结构方程模型考察棉花种植农户绿色农业技术采纳意愿的影响因素及内在机理。

第 7 章：农户绿色农业技术采纳行为分析。从农户资源禀赋、外部刺激、内在感知出发，基于 S-O-R 拓展理论模型构建农户绿色农业技术采纳行为模型，探究农户资源禀赋、内在感知、政府规制、技术认知和采纳意愿影响农户绿色农业技术采纳行为的作用路径，以及内在感知在政府规制影响农户绿色农业技术采纳过程中发挥的中介作用。并以采纳程度较低的 3 种绿色农业技术：干播湿出技术、测土配方施肥技术和生物有机肥施用技术为例，探究了农户单项技术采纳行为的影响因素及驱动路径。

第 8 章：农户地膜回收行为影响分析。选择棉花种植过程中代表性绿色农业技术——地膜回收技术进行案例分析。构建有调节的中介效应模型和中介效应模型，从强制模式和内化模式两条路径探究政府规制对农户地膜回收意愿和行为的影响及作用机制。

第 9 章：研究结论、对策建议与展望。基于前述分析结论，结合我国棉花种植的实际情况，提出促进棉花种植农户采纳绿色农业技术的对策建议。并在总结归纳主要研究结论的基础上提出研究的不足，对未来的研究进行讨论和思考。

1.4.2 研究方法

1.4.2.1 文献归纳法

文献归纳法是指通过查阅相关文献，对研究对象、问题的资料进行收集、整理、归纳和总结的方法。它可以通过对文献的梳理和归纳，从而系统地掌握和剖析研究领域中存在的知识点、论点、发展动态、研究现状和趋势，进而在后续的研究工作中制定正确的研究假设、构建科学的研究框架和提炼出科学的研究结论。

1.4.2.2 实地调查法

本书课题组于 2020 年 8 月至 2021 年 8 月，在新疆地区组织棉花种植农户进行微观调查，调研区域涉及北疆、南疆、东疆，同时兼顾考虑自治区和兵团，调研共计 33 个县（市）、团（农）场。实际调研以调查员与棉农"一对一"入户访谈的形式开展。部分调研问卷通过委托当地相关部门工作人员、高校本科生等进行发放。

1.4.2.3 定性与定量分析相结合

定性和定量分析相结合的方法，是指在研究中同时使用定性和定量数据进行分析的一种研究方法。通过将两种方法结合使用，研究者可以更全面、更深入地了解研究对象，从而更准确地解释、预测和控制研究结果。采用定性方法对国内外文献进行了梳理、相关核心概念进行了界定，同时收集和分析文字和图像等非数值数据；采用定量方法对数据，对农户绿色农业技术认知、采纳意愿、采纳行为的影响因素及作用路径进行量化和分析。通过混合使用两种方法，在不同层面、不同维度上对研究问题进行全面而细致的探究和分析。

1.4.2.4 熵值法

熵值法是一种多准则决策方法，用于在多个因素或准则中，对决策对象的不同方案进行综合评价和排序。其基本思想是通过对各个因素的权重进行降序排序，根据各方案的得分进行排序，确定最优解。本书根据指标体系中农户资源禀赋水平和各个维度的禀赋状况以及政府规制情况，结合研究需要和数据特征，利用熵值法对相关变量指标进行标准化处理，计算各类资源禀赋指标权重，从而确定人力资源禀赋、经济资源禀赋、社会资源禀赋和政府规制水平的综合得分。

1.4.2.5 Ordered-Probit 模型

Ordered-Probit 模型能够比较精确地描述和预测有序类别响应变量的概率值，并且对解释变量对每个类别的影响进行有意义的比较。由于本书中农户对绿色农业技术价值认知，农户采纳了几种绿色农业技术，单项绿色农业技术的采纳程度均为 1~5 的有序变量，所以采用 Ordered-Probit 模型实证分析人力、经济和社会资源禀赋以及政府规制对农户绿色农业技术价值认知的影响。同时分析了人力、经济和社会资源禀赋、政府规制、技术认知和采纳意愿对农户绿色农业技术采纳行为的影响，以及人力、经济和社会资源禀赋、政府规制和内在感知对（干播湿出技术、测土配方施肥技术、生物有机肥施用技术）采纳行为的影响。

1.4.2.6　Ordered-Logit 模型

Ordered-Logit 模型是一种用于建模有序类别响应变量的模型，它是广义线性模型（GLM）的一种，并且是逻辑回归模型的扩展。有序逻辑回归模型通过对观测数据的分析，建立变量之间的关系，并对未知参数进行估计。第 8 章的被解释变量是农户主动参与地膜回收行动的意愿，其答案选项是有序多分类变量，因此采用 Ordered-Logit 模型来估计政府规制对农户地膜回收意愿的影响。

1.4.2.7　因子分析法

因子分析法是一种数据降维的方法，通过将多个变量转化成少数几个因子来解释数据的内在结构。本书采用因子分析法对影响农户绿色农业技术采纳意愿的多个变量进行分类，提取公因子并进行降维，根据公因子所包含变量的主要内容，将提取的公因子分别命名为采纳动机（AM）、农业社会化服务（ASS）、信息能力（IC）、后果意识（AC）、责任归属（AR）、个人规范（PN）。通过因子分析法确保观测变量与潜变量的关系良好，为下文使用 SEM 模型奠定了基础。

1.4.2.8　SEM 模型

结构方程（SEM）模型能够同时测量和分析多个变量之间的复杂关系。它是多元统计分析方法的一种延伸，用于探索变量之间的因果关系、估计模型参数，以及预测和测试理论建立的假设。本书采用结构方程模型对影响农户绿色农业技术采纳意愿的各个维度潜变量进行修正拟合分析，并验证各个变量之间的因果关系和作用路径。

1.4.2.9　中介效应检验

参考温忠麟等（2005）的依次检验和 Sobel 检验方法，探讨内在感知在政府规制影响农户绿色农业技术采纳意愿过程中的中介作用，同时探讨在政府规制影响农户地膜回收意愿的过程中，感知价值发挥的中介作用。

1.4.2.10　有调节的中介效应检验方法

采用基于 Bootstrap 的有调节中介作用检验方法，探讨在政府规制影响农户地膜回收意愿的过程中信息获取能力发挥的调节作用。

1.4.3　技术路线

本书按照"总体设计—理论分析—数据收集—现状分析—实证研究—案例分析—结论与建议"的路径展开研究。第一，总体设计。在文献分析的基础上，结合相关理论基础，针对新疆棉花种植过程中绿色农业技术应用推广和采纳的实际情况，进一步分析提出科学问题，并针对问题形成总体研究分析框架。第二，理论分析。梳理相关文献和资料，对研究中涉及的相关概念进行界定，如农户、农户行为、绿色农业、绿色农业技术等；总结和梳理研究所需的理论基础，如农户行为理论、计划行为理论、外部性理论和公共产品理论等；并在上述工作基础上构建了本书的理论分析框架。第三，数据收集。根据调研目的和调研内容设计调查问卷，采用分层随机抽样的方法选取调研地点并进行入户调查，获取第一手数据资料，为研究提供基础数据支撑。第四，现状分析。对调研数据来源与样本特征进行描述性统计分析，利用微观调研数据，对样本区农户绿色农业技术认知情况、采纳意愿、采纳行为进行了描述性统计和具体分析，同时提出当前技术采纳过程中存在的问题。第五，实证研究。结合调研数据，通过构建计量模型，实证分析棉花种植农户绿色农业技术认知、采纳意愿和采纳行为的影响因素及作用路径。第六，案例分析。选择新疆棉花种植绿色农业技术中最具有典型性和代表性的技术——地膜回收技术进行案例分析，增强文章内容的解释力和说服力。第七，结论与建议。结合理论分析和实证分析结果，提出促进农户采纳绿色农业技术的对策建议。本书的技术路线如图 1-1 所示。

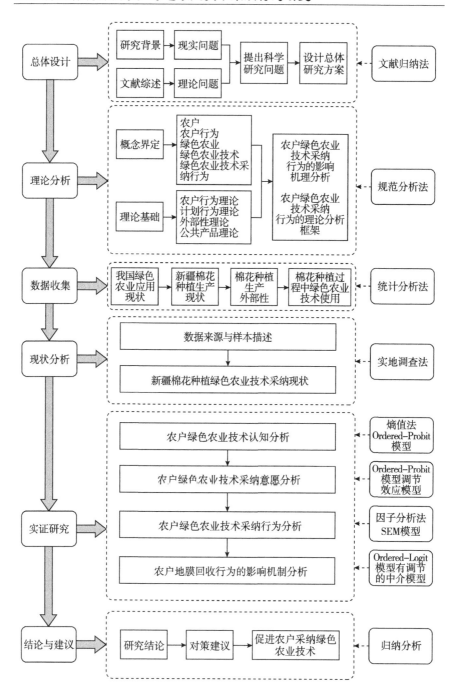

图 1-1 本书的技术路线

1.5　研究主要创新点

本书以新疆棉花种植农户为研究视角，围绕农户对棉花种植过程中的绿色农业技术认知、采纳意愿和采纳行为进行了全面系统的分析。本书的创新之处有以下几个方面：

（1）构建了农户绿色农业技术采纳的理论逻辑分析框架。基于农户行为理论、计划行为理论、外部性理论和公共物品理论等相关理论，从内部因素和外部环境角度出发，深入探讨人力资源禀赋、经济资源禀赋、社会资源禀赋、政府规制、内在感知等变量对农户对绿色农业技术的认知、采纳意愿和采纳行为的影响和作用机理，为农户绿色农业技术采纳行为研究提供了新的研究视角。

（2）将政府规制纳入模型分析农户绿色农业技术采纳行为，提供了一个新的研究视角。已有研究多集中于政府支持对农户行为的影响分析，缺少政府规制中的约束规制。政府约束规制对规范农户行为，促进农户采纳绿色农业技术具有重要作用。本书将政府规制纳入分析框架，探讨政府规制（引导规制、约束规制、激励规制）对农户采纳绿色农业技术的影响，弥补了已有研究中缺乏政府监督惩罚对技术采纳行为影响研究的不足，为农户行为研究提供了一个新的研究视角。通过研究，为引导政府调整相关政策措施，促进农户生产方式转变，提供理论支撑和决策参考。

（3）突破以往研究采用 $0 \sim 1$ 变量分析技术采纳行为的传统方法，对被解释变量进行了多维度、全方位的定义和分类。现有文献对农户技术认知、采纳意愿和采纳行为的研究，多采用二元 Logit 或 Probit 模型进行实证分析。一是通过经济价值认知、生态价值认知和社会价值认知三个维度考察农户绿色农业技术认知。二是通过采纳意愿、推荐意愿、重复使用意愿、持续关注意愿四个维度来度量农户绿色农业技术采纳意愿。三是通过采用了几种技术来考察农户集成绿色农业技术采纳行为；通过技术采纳程度来考察农户单项绿色农业技术采纳行为。综合运用 Ordered-Probit 模型、结构方程模型（SEM）等进行分析，使得研究层次更为丰富，研究方法更加严谨，更符合现实中农户绿色农业技术采纳行为。

（4）系统分析了干旱区棉花种植农户绿色农业技术采纳行为的影响因素和作用机制。目前研究主要集中在有机肥施用、地膜回收等单一绿色技术采纳行为分析，没有系统全面地分析棉花种植过程中涉及的绿色农业技术行为采纳研究。而绿色农业技术涉及棉花种植生产的产前、产中和产后各个环节，包括一系列技术。本书既分析了 8 种集成绿色农业技术的认知、意愿、行为的影响因素和作用路径，又选取 3 种采纳程度较低的单项技术进行了深入分析。同时选择最具有典型性和代表性的技术——地膜回收技术进行案例分析，对内容的解释更具有说服力。本书研究填补和丰富了棉花种植农户绿色农业技术采纳行为，对制定推广绿色农业技术政策，具有重要的参考价值。

第2章　相关概念界定与理论基础

　　本章主要研究内容为相关概念界定、理论基础与理论分析框架。首先对本书涉及的相关概念进行界定，如农户、农户行为、绿色农业、绿色农业技术、绿色农业技术采纳行为等；其次总结和梳理研究所需的理论基础，如农户行为理论、计划行为理论、外部性理论和公共产品理论；最后对农户绿色农业技术采纳行为的影响机理进行分析并构建本书理论分析框架，为全书研究奠定理论基础。

2.1　相关概念界定

2.1.1　农户

　　从传统意义上来说，农户是指以血缘、婚姻或宗族进行维系的农村生产单位，最小的构成单位为家庭。根据《现代汉语词典》定义，农户就是"从事农业生产的人家"，这个定义包含两层含义：一是从事农业生产；二是具有家庭属性。相比"家庭"概念，其更偏亲属关系，而"农户"概念则更有利于研究其经济行为。根据我国农村现状，农户通常是指在农村地区从事农业生产的家庭或个人，其主要经济活动是从事农业生产或与农业相关的活动。在中国情境下，农户不仅是一种职业，而且是一种出身和身份。农户主要包括以下两种类型：一是家庭农户，指农村家庭拥有并经营小规模农业生产的个体经济组织。家庭农户的特点是规模小，经营区域通常不超过10公顷，且农业生产既是其生计来源，也是家庭成员间社会关系的核心。二是专业农户，指依托现代化农业技术与管理模式，通过规模经营、集约化经营等方式经营较大规模的农业经济组织。专业农户的面积通常都较大，经营方式更加现代化，其产品往往大量流向市场，具有一定的竞争力。随着人口流动和家庭成员的职业分化，农户家庭逐渐分化（钱龙等，2015），细分为纯农户、兼业农户和非农户。农户的规模因地区和国家而异，可能包括小农、中农和大农等不同类型的家庭或个人。在一些发展中国家，农户通常是最贫困和最弱势的社会群体之一，因此保护和支持农户是许多国家的优先事项之一。农户在社会和经济发展中均扮演重要角色，他们不仅提供食物和其他生产活动，而且还提供就业机会和财富创造。他们是农业生产的主体，也是农村经济和社会发展的重要基础。

2.1.2 农户行为

农户行为指的是农户在农业生产、经营及其他相关活动中所表现出来的一系列行为特征、行为选择和行为模式，包括生产行为、经营行为、市场行为、技术创新行为等方面。农户行为的特征；首先，农户行为是一种目的性行为。农户在生产、经营及其他活动中往往是为了实现某种目标而采取行动。农户在进行农业生产、经营及其他活动时，其行为往往受到自身素质、地域、环境、政策、市场等诸多因素的影响。其次，农户行为具有巨大的异质性。由于农户面临着不同的生产环境、市场环境、经济水平等因素，导致他们之间的行为表现差异非常大。最后，农户行为是一个动态过程。随着农业生产技术的不断更新、政策环境的变化以及市场需求的转化，农户的行为会发生相应的变化。

农户绿色农业技术采纳行为是指基于我国绿色农业发展理念，在一定的经济制度、资源结构和技术水平下，农户为实现利润最大化或者家庭效用最大化目标，在农业生产前、产中和产后各个环节采取的一系列"高产、高质、高效"的绿色农业技术采纳行为。该行为是一系列行为的集合，包括对技术的了解和认知、对技术的采纳意愿、技术的采纳决策和技术采纳的实际情况等。农户是理性的经济人，在决定是否采用某种绿色农业技术前，会根据自己长期经验积累所形成的认知水平、自身知识结构与信息获取途径等，对这项技术的投入成本、收益和效果以及风险做出判断，综合考虑后做出最终决策。

本书基于以上研究，选取农户在棉花种植的产前（干播湿出技术）、产中（病虫害生物防控技术、测土配方施肥技术、生物有机肥施用技术、科学施药技术、膜下滴灌技术）和产后（地膜回收技术、保护性耕作技术）8 种绿色农业技术为研究对象，将农户绿色农业技术采纳行为分为技术认知、技术采纳意愿和技术采纳行为三个阶段，分析农户资源禀赋、政府规制、内在感知等对绿色农业技术采纳各个阶段的影响以及不同类型农户的差异。其中，采纳行为又分为两个方面：一是借鉴杨志海（2018）的研究，将农户绿色农业技术采纳的数量作为衡量其技术综合采纳行为的指标；二是借鉴刘妙品等（2019）的研究，将每一种绿色农业技术的采纳程度作为衡量其技术采纳行为的指标。通过以上分类既考察了集成绿色农业技术的采纳行为又研究了单项技术采纳行为，对于分析农户行为更具有说服力，并以此为依据提出绿色农业技术推广的相关对策建议。

2.1.3 绿色农业

2.1.3.1 绿色农业内涵及定义

绿色农业是一个不断发展的领域，诞生了许多代表人物。鲁道夫·斯波特是有机农业运动的先驱，他提出了"生物动力农业"的概念，认为农业应当依赖自然的力量，而不是化学肥料和化学农药等人工手段。瑞秋·卡森是环保运动的先驱，代表作《寂静的春天》揭露了化学农药对环境和人类的危害，引起了人们的广泛关注。诺曼·博洛格是"绿色革命"的缔造者，他通过育种、施肥等技术手段，提高了作物的产量和品质，解决了饥饿问题。诺曼·厄尔是农业生产技术和政策方面的专家，他倡导的"系统水稻种植"是一种环保、节能、高效的种植方式，已经在许多国家得到了应用。通过以上学者的理论和实践贡献，绿色农业得到了广泛的推广和应用，成为现代农业发展的重要方向之一。

我国专家学者在不同的时期从不同的角度定义了绿色农业的内涵。白瑛和张祖锡（2004）从农业可持续发展的角度分析了绿色农业，提出绿色农业旨在实现农业可持续发展，建立优良的生态环境和生产安全优质、生态效益和社会效益较高的农业生产模式。刘国涛（2005）认为绿色农业发展模式遵循环境和经济协调发展的原则，应用现代科技和管理经验，实施生态环境建设，生产绿色产品，推动常规农业绿色化，实现生态、经济和社会三大系统的良性循环。严立冬和崔元锋（2009）的研究指出，绿色农业标准化理念贯穿整个农业产业链，推动农业可持续发展，最终实现经济、社会和环境的协调统一。胡雪萍和董红涛（2015）认为绿色农业是一种新型的农业发展模式，以农产品安全、资源可持续和环境保护为目标，通过先进技术和管理经验的运用，提高农业经济水平和促进可持续发展。

学者从不同的侧重角度对绿色农业提出了不同的概念，虽然绿色农业的定义不尽相同，但其内涵基本一致。综合上述分析，狭义的绿色农业是生产绿色农产品；广义的绿色农业是指在农业生产和管理过程中采用可持续、环保的方法，尽量减少对自然环境的破坏，同时保障农产品的质量和安全，推动社会和经济全面持续发展的农业生产模式。绿色农业的内涵包括以下几个方面：①保护环境：采用生态、环保的农业生产方式，降低农业对环境的负面影响；②保障农产品质量和安全：通过合理使用农药、肥料和其他生产资料，同时注重食品安全，保证农产品符合质量和安全标准；③促进农业可持续发展：采用可持续的农业生产模式，提高农业资源利用率、土地利用效率和农业生产效益；④促进农村发展：通过提高农业效益、增加农民收入、提高生活水平、改善农村环境和加强农村社会建设等途径，促进农村发展，提高农民福利。

2.1.3.2　绿色农业发展历程

绿色农业是在对传统农业生产方式进行反思的基础上，通过环保、资源节约、生态化等技术手段，实现高产、高效、高质、高效益的农业生产方式。其发展历程可以分为以下几个阶段：

20 世纪 60 年代至 70 年代初期，环保运动兴起，人们开始反思传统农业生产方式对环境的破坏和资源浪费问题。这一时期，诞生了有机农业运动和生物动力农业等绿色农业的先驱性思想和实践。

20 世纪七八十年代，饥饿问题成为全球性问题，绿色革命迅速兴起。绿色革命通过育种、施肥等技术手段，提高作物产量和品质，解决了饥饿问题，但也带来了一系列环境问题和社会问题。这一阶段主要以增加产量为主攻目标。

20 世纪八九十年代，环保意识不断加强，有机农业运动逐渐得到广泛认可，许多国家相继颁布了有机农业生产标准并开展了有机认证工作。我国从 1992 年起开始实行社会主义市场经济，政府开始提倡生态农业，资金逐步投入到绿色农业的研究和实践中，发展有机农业、生态农业等，全国各地先后开展了"绿色农业"的试验、示范及推广。

20 世纪 90 年代中期至 21 世纪初，我国绿色农业发展的蓬勃时期，政府出台了一系列鼓励绿色农业发展的政策措施，推广各种绿色种植和养殖技术，并取得了一定的成果。

21 世纪初期至今，可持续发展理念受到广泛关注，随着信息技术的发展，数字农业、精准农业等新型农业模式不断涌现，为绿色农业的发展提供了新的机遇和挑战。政府重视绿色农业的可持续性，加强了对绿色农业产业的规范和监管，提高绿色农产品质量信誉度，大力推广农业资源综合利用、循环农业等新型农业模式。

总体来说，绿色农业的发展历程是一个不断反思和创新的过程，既关注了农业生产效益，又重视了环保、资源节约和生态保护等问题。在未来的发展中，绿色农业将继续积极应对全球性问题，为实现可持续发展做出更大的贡献。

2.1.3.3　绿色农业特点

绿色农业是以生态平衡为基础，以保护和改善生态环境为宗旨的可持续农业，具有重要的经济、生态和社会价值。其主要特点如下：

（1）生态友好。绿色农业强调生态平衡和生态环境的保护，注重生态平衡的维护和生态系统的恢复，通过合理运用农业资源和科学管理，最大限度地减少农业对环境的污染和破坏。绿色农业以生产高品质、高安全性的农产品为目标，采用科学技术手段，控制农业生产过程中的有害物质，确保农产品的安全、卫生和营养价值。

（2）资源节约。绿色农业在土地、水资源的利用上注重节约，通过科学合理的耕作方式和水肥管理，实现高产、高效、节约、环保的生产目标。

（3）多样性。绿色农业强调生态系统的多样性，注重生态农业、有机农业、生态畜牧业、林下养殖等多样化生产方式的综合应用，同时注重生态保护和农产品质量安全。

（4）农业生态可持续。绿色农业注重生态、经济和社会的可持续性，强调生态系统平衡和农业可持续发展，通过合理利用土地资源、保护生态系统和增加种植多样性等方式，提高农业生态效益。

（5）全球意义。绿色农业是全球可持续发展的方向，是保护全球生态环境和人类健康的重要途径。

2.1.4　绿色农业技术

2.1.4.1　绿色农业技术内涵及定义

绿色农业技术是指在生产、加工和管理农业过程中，运用环保、资源节约、生态化的技术手段，实现高产、高效、高质、高效益的一种农业生产方式。对于绿色农业技术的概念，尚无明确统一的定义，它是随着绿色农业而衍生的。吴雪莲等（2016）认为绿色农业技术是指以生产安全、无污染的绿色农产品为目标，是农业生产中的各种技能、工具和规则体系的集合。刘亚琴（2019）认为绿色农业技术是利用各种技术及技能、机械及工具，实施相关的技术规程和标准体系，通过全程监控生产质量安全、无污染的绿色农产品的技术。李延军（2022）认为绿色农业技术一般指减少污染、降低能耗、提高效率、改善环节的技术，其具有技术溢出，能够减少生产或降低产品的外部环节成本的"双重外部效应"，通过促进投入产出结构的优化提高农业生产率，改善生态环境。绿色农业技术汲取了传统农业技术、常规农业技术和现代农业技术的优点，具有"现代""节量"和"少污染"等特征（Behera，2012）。它涉及农业生产、加工和运输系统中保障农产品质量的一系列技术，在每个子系统中又有系列技术体系（Ghadiyali and Kayasth，2012）。绿色农业技术主要包括以下几个方面：①生态农业技术：包括生物技术、有机农业技术、生态农业技术等，以实现农业生产与环境的协调发展；②精准农业技术：即根据不同地区、不同品种和不同季节的特点，运用信息技术和精准测量技术，提高农业生产效率和农产品质量；③科技集成农业技术：包括机械化、自动化、智能化等高新技术，以提高农业生产效率和水平；④循环农业技术：包括循环农业、资源循环、农业废弃物回收等，以达到资源利用最大化、环境污染最小化。它们之间既相互联系又有所区别，共同点是技术实施的目标都是为了促进资源节约和保护生态环境，不同点在于针对的目标各有不同。通过对既有文献梳理，结合绿色农业的定义，本书将绿色农业技术定义如下：在生产、加工、管理和销售过程中，利用各种技术工具及技能方法，以减少污染、提高效率为目标，运用资源节约和生态化的技术手段，实现高产、高效、高质、高效益的一种农业生产方式。

2.1.4.2　绿色农业技术发展历程

绿色农业技术发展历程可以分为以下几个阶段：

初期阶段（20 世纪 70 年代初期至 90 年代初期）：绿色农业技术起源于 20 世纪 70 年代初期的美国和欧洲，当时主要是针对化学农药和化肥的问题提出的技术解决方案，包括有机农业、集约化农业等。

中期阶段（20 世纪 90 年代中期至 21 世纪初期）：随着环境问题和可

持续发展理念的兴起，绿色农业技术开始转向全面的生态化、综合化和循环化，技术手段也逐渐多样化，如生物农药、绿色肥料、精准农业等。

现代阶段（21世纪初至今）：随着信息技术、互联网技术的发展和应用，绿色农业技术得以进一步升级和智能化。新兴技术如物联网、大数据、云计算等为绿色农业提供了更多的支持，以达到高效生产、低污染、安全可靠的目标。

2.1.4.3 绿色农业技术分类

按照不同维度，绿色农业可以划分为以下几种不同的类型。

按照绿色农业技术的生产过程进行分类，可以分为产前、产中、产后。吴雪莲等（2016）按生产过程将绿色农业技术分为产前、产中和产后三类技术。产前包括抗病虫良种技术，产中包括科学施药技术、科学施肥技术、节水灌溉技术等，产后包括秸秆还田技术等。同时按事物形态将绿色农业技术分为物化型技术和软技术。物化型技术包括生物农药技术等，软技术包括绿色管理技术等。

按照绿色农业技术的作用目标分类，可以分为资源节约型和环境友好型。李旭（2015）、邓悦（2022）将绿色农业技术归纳为资源节约型技术和环境友好型技术两类。资源节约型技术分为农用资源效率提高技术，包括节水灌溉技术、农膜循环利用等，以及农用资源替代技术包括秸秆饲料化技术等；环境友好型技术分为农业治污技术，包括面源污染治理技术、生物农药使用技术等，以及绿色生产过程和工艺技术，包括病虫害物理防治技术、免耕技术等。

也有学者将绿色农业技术分为节药型技术和节肥型技术。节药型包括病虫害绿色防控技术、科学施药技术等，节肥型技术包括测土配方施肥技术、科学施肥技术等。

绿色农业技术种类繁多，本书参考以上研究，结合棉花种植过程中绿色农业技术使用情况，将绿色农业技术按照生产过程分为产前（干播湿出技术）、产中（病虫害绿色防控技术、测土配方施肥技术、生物有机肥施用技术、科学施药技术、膜下滴灌技术）和产后（地膜回收技术、保护性耕作技术）三个类别。

2.2 理论基础

2.2.1 农户行为理论

农户理论可以分为组织与生产学派、理性小农学派、历史学派三大学派。组织与生产学派的代表人物为俄国农业经济学家恰亚诺夫，其在代表作《农民经济组织》中研究提出小农自给自足，生产的目的是满足家庭消费，小农追求的不是利润最大化而是劳动力辛勤程度与家庭成员需求满足程度之间的某种均衡，相应地小农经济行为是非理性的、保守和落后的。该学派强调了农户在生产中所处的社会和经济环境对其行为的影响，认为农村社会组织对农户行为的影响至关重要。同时农户的生产行为是一种组织形式，需要加强农村组织建设，为农业生产提供更好的组织和服务。理性小农学派代表人物为舒尔茨，认为农户是理性的，会根据市场需求和经济效益来选择生产行为，重视市场因素和经济效益。该学派相对于传统农户理论，强调了市场交易和理性的农户行为，但忽略了家庭内部冲突、文化和社会因素等问题。历史学派代表人物为黄宗智，他指出"农户是一个需要考虑多重目标的复杂系统"，这意味着农户的决策不仅受到经济因素的影响，还受到社会、家庭、文化等因素的影响。黄宗智提出了农户行为的"三要素"——制度、环境和主体。此外，黄宗智还提出了农户行为的"三种模式"，包括计划模式、市场模式和混合模式。黄宗智的农户行为理论强调了农户的复杂性和多元性，提出了一系列概念和模式，对于深入理解农户行为、制定适宜的农业政策、提高农业效益具有重要的理论意义和实践意义。三大学派从不同的历史阶段和研究对象出发，得出了不同的结论，并形成了不同的学派。本书认同舒尔茨的理性小农学说，认为农户的绿色农业技术采纳行为是理性的、追求利润最大化的（宋洪远，1994）。

农户行为理论是一种应用于农业经济学研究中的理论，用于解释农户的决策行为。该理论主要包括以下几个方面：①农户的目标：指他们对于经营农业的期望和目标，如收入、生产率、效率等。这些目标可以影响农户的决策行为，如选择种植作物、使用农药、购买农机等。②农户的信息获取：包括他们获取和利用各种信息的能力和意愿。例如，农户可能通过读报纸、参加培训和其他农民交流等方式获取信息，并将这些信息用于决策。③农户的风险态度：指他们对于农业经营中的风险和不确定性的看法。例如，一些农户可能更加倾向于保守决策，而其他农户则更愿意冒险。这种风险态度可以影响农户的决策行为，如是否采用新的技术、投资新的设备等。④农户的资源限制：包括土地、劳动力、资金、技术等方面，这些资源限制可以影响农户的决策行为，如种植作物、使用化肥、购买新的设备等。

农户行为受到众多因素的影响，包括自身心理因素、生理因素，还包括外界自然环境因素、经济环境因素和社会环境因素的影响。农户是理性的经济人，在决定是否采用技术时，会优先考虑技术投入和收益问题。例如，农户通过地膜覆盖技术有利于提高地温、保墒、保水肥、减轻土壤板结、促进植株的生长发育、改善植株周围的小气候、抑制杂草生长等，进而提高农作物产量，提高经济收益。但同时也会增加成本，如购买地膜、雇用覆膜机、残膜回收等。采纳绿色农业技术带来了一定的生态效益，但生态效益属于公共物品，不能够由某一个农户独自享用，特别是当农户感受不到技术价值，同时又感知到技术风险时，农户不愿意采纳该技术。为了鼓励绿色农业技术的采纳，政府提供了支持，通过宣传推广和补贴等形式，尽可能地将绿色农业技术的优势传递下去，同时尽量补偿农户因采纳技术可能带来的风险成本和经济损失，从而通过外部刺激激发农户采纳绿色农业技术。棉花种植农户的绿色农业技术采纳不仅受到农户资源禀赋

（个人资源禀赋、经济资源禀赋、社会资源禀赋）、内在感知（感知易用性、感知有用性、感知技术成本）、技术认知、后果意识、责任归属、个人规范等影响，还受到外部环境（政府规制）、机会、动机、能力等影响。这些因素都可以影响农户的决策行为，从而影响他们的经营和收入水平。通过研究这些因素，可以更好地理解农户的决策行为，并且为政策制定者提供有针对性的建议，从而助力农民实现可持续的绿色农业生产经营。

2.2.2　计划行为理论

美国心理学家约翰·华生（John B. Watson）于 1913 年首次提出行为主义，认为学习是以一种刺激替代另一种刺激建立条件反射的过程，行为就是有机体用以适应环境刺激的各种躯体反应的组合。著名经济学家赫伯特·西蒙于 1961 年首次提出"有限理性"的概念，认为人的理性是处于完全理性和完全非理性之间的一种有限理性。它需要经过一个过程，从最开始产生需求到形成动机再到最后的行为，而且具体行为的实施受到诸多因素的影响。即有限理性是指人类在决策过程中不是完全理性的，而是基于有限的信息和认知能力所做的一种决策，因此在决策过程中存在局限性和不完美性，而这种局限性和不完美性是人类无法避免的现实。Fishbein 和 Ajzen（1975）提出理性行为理论（Theory of Reasoned Action，TRA），假设行为主体是理性的，可以根据现有的信息和资源做出决定。但学者们通过深入研究发现该理论假设可能存在一些问题，如 Sheppard 等（1988）认为人的行为除了受到个人意愿的影响外，还会受到其他因素的影响，不能完全忽略这些因素的作用，而且人作为社会人，其个人行为意图不是完全由个人控制，但该理论忽略了这一点。随后 Ajzen 对这一理论进行了修改完善，提出计划行为理论（Theory of Planned Behavior，TPB），发现人的行为并不是百分之百地出于自愿，而是在控制之下，因此他对理性行为理论进行了扩充，增加了"行为控制认知"这一新概念。

计划行为理论是一种心理学理论，用于解释人们的行为和决策。该理论认为行为意愿是影响个体行为最直接的因素，当行为个体实施某一行为的意愿越强烈，则该行为最后实现的概率越高。而行为意愿会受到行为态度、主观规范和知觉行为控制三个维度的影响。态度是人们对某个行为的主观看法，包括对该行为的喜欢程度、重要性和是否符合价值观等。在计划行为理论中，态度被认为是人们行为的重要预测因素，即人们倾向于采取与自己持有的积极态度相符合的行动。主观规范是人们对他人期望的看法。这些期望可能来自家人、朋友、同事、社会和文化等各方面。主观规范可以对人们的行为产生影响，因为人们往往倾向于符合他人的期望。知觉行为控制是指人们对于自己是否能够控制行为的信念。在计划行为理论中，知觉行为控制被认为是人们采取某种行为的因素。人们往往倾向于采取自己相信自己可以控制的行为。计划行为理论认为，态度、主观规范和知觉行为控制三个因素之间存在相互作用。例如，当人们持有积极态度、认为他人期望他们采取某种行为，并且相信自己可以控制这种行为时，就会更有可能采取这种行为。计划行为理论的逻辑框架如图 2-1 所示。

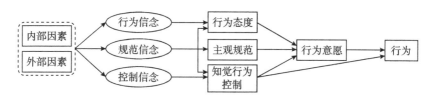

图 2-1 计划行为理论（TPB）的逻辑框架

计划行为理论自诞生以来，在国外各个领域的研究中得到广泛的应用，国内大量学者也因为其完整的逻辑性和清晰的理论架构而将其引入到研究中。大量的研究表明了计划行为理论能显著提高对个体行为意愿和实际行为的解释力。Armitage 和 Conner（2001）通过 Mata 分析认为计划行为理论对行为的解释力处于30%~60%，而且知觉行为控制既可以直接影响行为，也可以通过行为意愿影响行为。计划行为理论已经被国内外学者广泛运用到多个行为领域的研究中，且取得了较为丰富的研究成果。

本书在计划行为理论的基础上，分析新疆棉花种植农户绿色农业技术采纳行为。农户是农业生产的主体，农户的绿色农业技术采纳意愿实际上是绿色农业技术采纳行为的前提，它决定了绿色农业技术推广进程和作用效果。在当前的社会经济发展背景下，农户作为理性经济人，追求效用最大化是进行农业生产的直接目的，但其行为不仅受到自身资源禀赋的影响，还受到外界环境众多因素的影响，农户会根据自身优势，结合内外因素的影响，综合评价并选择其实施的行为。根据计划行为理论，农户采纳绿色农业技术，会直接受到农户绿色农业技术采纳意愿的影响。一般来说，农户绿色农业技术采纳意愿越高，越容易实施绿色农业技术采纳行为。而农户绿色农业技术采纳意愿又会受到绿色生产行为态度、农户主观规范和农户绿色农业知觉行为控制三个方面的影响。农户的态度不仅包括个人的后果意识和责任归属，还受到农户的信息能力、组织机构和政府规制等外界环境的影响，农户对于农业绿色技术的认知水平越高，信息获取能力越强，后果意识和责任归属感越高，组织及其成员的示范越强，政府的政策支持力度越大，农户对绿色农业技术的态度则更积极。农户的主观规范主要包括个人规范和其他人员和外界的影响，随着国家实施绿色农业发展行动，政府规制随之加强，农户对不使用绿色农业技术而产生的后果意识更加明确，其责任归属感也越强，因此个人规范的形成可能性越大。由于农户信息获取渠道和资源有限，村干部、其他种植户、农技人员的模范带头作用和种植经验会成为影响农户的技术采纳行为的重要因素。政府作为维系国家安全和经济社会发展的权力机构，从长期发展的角度会对农户的生产提出一定的要求，当政府从多个方面来促进农户实施绿色农业技术采纳行为时，农户的主观规范更强。农户的知觉行为控制主要是农户对于采纳绿色农业技术的内在感知，包括感知技术易用性、感知技术有用性、感知技术风险、感知技术价值等。如果农户对农业绿色技术有较为深刻的认识，对市场及消费者的需求有足够的了解，并且政府给予一定的政策激励或宣传引导，提升农户对采纳绿色农业技术的感知程度，那么绿色农业技术的采纳意愿和行为也会随之提升。

　　因此，从农户行为决策的角度出发，探索绿色农业技术采纳的途径具有一定的可行性。本书基于计划行为理论，从农户视角出发，构建农户绿色农业技术采纳行为形成机理的理论分析框架，根据"技术认知—采纳意愿—采纳行为—政策激励"的逻辑，结合内外影响因素深入探讨农户绿色农业技术采纳过程的形成机理。

2.2.3 外部性理论

在外部性理论的发展历程中，贡献最大的三位经济学家分别是马歇尔、庇古和科斯。1890 年，英国新古典经济学派代表马歇尔在其发表的著作《经济学原理》中首次提出了"外部经济"的概念。马歇尔提出了在土地、劳动和资本三种生产要素以外的新生产要素"工业组织"，并说明了第四类生产要素是如何通过变化影响工业产量增加的。1912 年，马歇尔的嫡传弟子庇古发表了《财富与福利》，后经修改易名为《福利经济学》出版。他在马歇尔提出的"外部经济"上做了补充，将"外部不经济"的概念融入其中，并将外部性问题的研究从外部因素对企业的影响效果转向企业或居民对其他企业或居民的影响效果。1991 年，科斯的《社会成本问题》发现和澄清了交易费用和财产权对经济的制度结构和运行的意义，荣获了诺贝尔经济学奖。他指出，如果交易费用为零，无论权利如何界定，都可以通过市场交易和自愿协商达到资源的最优配置；如果交易费用不为零，制度安排与选择则是重要的。虽然三位经济学家的理论存在某些局限性，但对外部性理论的发展作出了里程碑式的贡献，也为经济学的研究开辟了广阔的空间。

外部性是指一种经济现象，即生产或消费活动对于除了参与该活动的人以外的第三方（即外部人）的福利或成本的影响。这些影响通常是在市场上没有被充分考虑的。外部性也被称为外部成本、外部效应或溢出效应。外部性可以分为正外部性和负外部性。外部性可能是正的，如公共健康因素带来的社会收益，也可能是负的，如污染带来的社会成本。外部性的存在可能导致市场失灵，因为市场价格无法反映外部性的影响，导致资源配置不合理。由于外部性的存在，市场价格不能完全反映商品或服务的实际成本或价值，导致了市场失灵。负面的外部性可能会导致环境破坏、健康问题等社会成本的增加，正面的外部性可能会导致技术进步、创新等社会收益的增加。

农业生产的外部性是明显的，农业生产方式可以直接影响农产品质量和农产品安全，进而影响消费者行为选择和社会的福利水平。对于棉花种植来说，农户的绿色农业技术采纳行为既可能产生正外部性，也可能带来负外部性。一方面，农户作为理性经济人，追求利益最大化是他们的目标，为了提高农产品产量，在棉花种植过程中开展不合理的生产活动，如化肥施用不合理、农药施用不科学、地膜废弃物回收不彻底、秸秆焚烧等行为将对土壤、水资源、环境等带来严重影响，给生活环境和经济发展带来严重的负外部性。另一方面，农户作为社会人，其生产行为受到诸多因素的影响，如政府规制、组织支持、社会网络等的间接影响，当农户采纳绿色农业技术时，保护了生态环境甚至人类健康，对促进农业绿色发展具有积极作用，因此产生了极大的生态效益和社会效益，而这些效益没有被农户单独享用，因此带来了技术采纳的正外部性。

农户绿色农业技术采纳的正外部性如图 2-2 所示。当边际社会收益（MSB）大于边际私人收益（MPB）时，表现出技术采纳行为的正外部性。根据"理性经济人"假设，农户对绿色农业技术采纳由边际私人收益（MPB）和边际成本（MC）共同决定（R_1），社会最优水平由边际社会收益（MSB）和边际成本（MC）共同决定（R^*）。如果需要将农户绿色农业技术采纳程度由 R_1 提升到 R^*，则需要降低绿色农业技术采纳行为的投入成本。

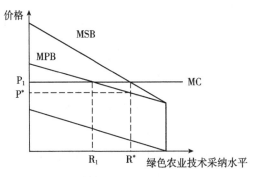

图 2-2　绿色农业技术采纳的正外部性

2.2.4 公共物品理论

公共物品理论是一种经济学的理论，主要研究公共物品的提供、分配和管理等问题。公共物品是指那些所有人都可以使用、不能排斥他人使用，且一人使用不影响他人使用的物品。例如，公共道路、桥梁、公共广场等。公共物品都必须以公共利益为出发点来进行管理和分配，而不是以少数人的私人利益为出发点。公共物品理论的应用非常广泛，如城市规划、环保、社会保障等领域。

公共物品理论的发展历史可以追溯到 19 世纪末，当时德国经济学家阿道夫·瓦格纳（Adolph Wagner）提出了"公共物品"的概念，认为公共物品是政府借助纳税人的财力提供的一种社会公共福利。20 世纪初，意大利经济学家弗朗西斯科·巴鲁尼（Francisco Barone）在其所著的《经济学》一书中进一步阐述了公共物品的理论。在此基础上，英国经济学家 A. C. Pigou 于 1920 年发表了《福利经济学》，将公共物品与外部性联系在一起，指出了公共物品对社会福利的正面影响。公共产品理论最早的成果之一是 1919 年提出的林达尔均衡，指在经典的"公共物品博弈"模型中，当存在两个及以上的个体，每个个体的贡献对公共物品的效用有影响时，Nash 均衡不存在，但是存在满足所有个体效用最大化且贡献相等的状态，这个状态就是林达尔均衡。虽然林达尔均衡只能在简单的模型中适用，但它仍然被许多经济学家和政策制定者广泛应用，特别是在公共物品的供给和分配方面。在此后的几十年中，公共物品理论得到了不断的发展和完善。1940 年，美国经济学家保尔·萨缪尔森（Paul Samuelson）在其著作《经济学原理》中引入了公共物品理论中的"非排他性"和"非竞争性"概念。1956 年，蒂鲍特（C. M. Tiebout）发表了论文《一个地方支出的纯理论》，随即出现了大量关于地方公共产品的文献。1965 年，贝冢（K. Kaizuka）最先引入了公共产品要素的概念。1967 年，美国经济学家奥尔森（Mancur Olson）在其著作《集体行动的逻辑》中提出了"自由骑车者"问题，这一理论引起了公共物品理论的广泛关注。1973 年，桑得莫（A. Sandom）发表了《公共产品与消费技术》一文，着重从消费技术角度研究了混合产品（准公共产品）。自 20 世纪 80 年代开始，公共物品理论进一步得到了拓展和深化。其中，经济学家林达尔（David Lindahl）提出了林达尔均衡的概念，为公共物品理论发展提供了新视角。

公共物品具有两个基本特征：一是非排他性，即任何人都无法排除其他人对其使用和消费；二是非竞争性，即一个人的使用和消费不会影响其他人的使用和消费。这些特征使得公共产品的提供和使用存在一些独特的经济学问题，如自由骑车、公共交通等。公共产品理论主要包括以下几个方面：一是公共产品的供给：由于公共产品的非排他性和非竞争性特征，私人部门很难为公共产品提供充足的供给。因此，政府通常会对公共产品的供给进行干预，如通过税收或收费等方式筹集资金来提供公共产品。二是公共产品的消费：由于公共产品的非排他性和非竞争性特征，任何人都可以免费或低成本地使用和消费公共产品。因此，公共产品容易出现"免费骑车"等行为，从而导致公共产品的浪费和滥用。三是公共产品的外部性：公共产品的使用和消费不仅会影响自己的利益，还会影响其他人的利益。这种影响通常被称为公共产品的外部性。例如，公共交通的使用不仅可以给使用者带来便利，还可以减少城市交通拥堵，改善环境污染等，对整个社会都产生积极影响。四是公共产品的融资：公共产品的融资通常需要政府的干预，如通过税收、收费等方式筹集资金来提供公共产品。这种干预需要政府考虑到公共产品的需求、成本和效益等方面的因素。

绿色农业技术采纳作为一种环境商品，具有公共产品属性。第一，绿色农业技术采纳存在产权不明晰的现象。农户采纳绿色农业技术保护了水土资源和生态环境，其他农户不采纳绿色农业技术，甚至还对生态环境进行破坏，却也享受到其他农户采纳绿色农业技术所带来的好处，也没有向采纳绿色农业技术的农户支付费用。也就是说，这种保护环境的正外部性具有"单向"特点。农户采纳绿色农业技术带来的土壤肥力提升、水资源改善、生态环境的改善等外部效应，对现实生活中农户绿色农业技术采纳积极性造成很大影响。第二,绿色农业技术采纳具有非排他性,即不能阻止未采纳绿色农业技术的其他人免费享受采纳技术所带来的好处,这不是哪一个农户专有的,如果缺乏外在制度的干预,市场无法激励农户采纳绿色农业技术,最后导致出现"搭便车"行为,整体的绿色农业技术采纳水平不高。第三,绿色农业技术采纳具有非竞争性。农户采纳绿色农业技术保护了水土资源和生态环境,其他农户不采纳绿色农业技术,甚至还对生态环境进行破坏,却不需要支付价格就可以享受到农户采纳绿色农业技术所带来的好处。绿色农业技术采纳的公共产品属性,导致市场"失灵",使得依靠市场机制,不能完全发挥绿色农业技术的效益。只有对农户进行补偿,才能够鼓励农户采纳绿色农业技术。

2.3 理论分析框架

2.3.1 农户绿色农业技术采纳行为的影响机理

绿色农业技术采纳行为的影响机制可以从农户技术认知的影响、采纳意愿的影响和采纳行为的影响三个方面来阐述。

2.3.1.1 农户绿色农业技术认知的影响

技术认知是农户技术采纳行为的首要和早期环节,在诱发我国棉花种植生产结构及组织结构转型中产生了重要的影响。已有研究认为技术认知包括:技术认知广度和深度(吴雪莲,2016);技术的增产价值、增收价值和生态价值认知(黄晓慧,2019);技术有用性认知和技术易用性认知(李文欢和王桂霞,2022);技术补贴政策认知(徐涛等,2018)。结合相关研究,本书将技术认知定义为:技术经济价值认知、技术生态价值认知和技术环境价值认知。农户对绿色农业技术的认知不仅受到内生动力的影响,如农户的人力资源禀赋、经济资源禀赋和社会资源禀赋等,还受到外部环境的影响，如科研机构、农资企业、政府机关部门的宣传推广、奖励补贴和监督惩罚等。

人力资源禀赋主要考察农户的文化程度、身体健康状况、家中劳动力数量、种植经验等情况。文化程度越高的农户，农业生产的专业化水平越高，规模化程度越强，对新技术的了解越深，对技术的认知程度相对较高。农户健康状况越好越倾向于实施绿色生产行为。家庭农业劳动供给越充足、家庭劳动力数量越充足的农户，有更多的时间和精力投入知识学习和田间管理上，且家庭收入的主要来源可能是农业生产，愿意投入更多付出更多去经营好土地，因此对技术的认知程度更高。种植经验越丰富，越能够更全面地认识到采纳绿色农业技术在提高农产品品质、生产效率、改善生态环境中发挥的积极作用。

经济资源禀赋主要考察农地种植面积、家庭总收入、兼业情况等情况。种植面积越大的农户，更加倾向于采用机械化和规模化生产，种植面积容易使农户获得技术采纳的规模经济效益。绿色农业技术的实施需要农户具备一定的经济实力和承担风险的能力，经济资源禀赋较为丰富的农户可能更有实力采纳绿色农业技术。兼业农户的非农就业经历作为一种财富和资本，可以为个体积累相关知识、经验或者某方面技能。首先，兼业农户可得工、农两业发展之利使农民收入增加，稳定性增强；其次，为了有更多的时间到非农业部门工作，农民会积极提高农业机械化水平，加快农业的技术改造；最后，农民流动于农村和城镇之间，可以使他们提高技艺、扩大眼界、增长才干。

社会资源禀赋主要考察农户的社会地位、社会网络关系、农业组织化等情况。党员干部由于自身觉悟较高，因此在接受约束规制的新技术时，较为拥护且先试先行的态度较高。社会网络关系为农户带来了更多的农业信息和社会资源。加入合作社的农户在一定程度上扩宽了交流学习的面，有较为开阔的视野和更加丰富的信息渠道，对认知、学习新技术的主动性和积极性更高，增进了农户对绿色农业技术的认知。

政府规制主要考察引导规制、约束规制、激励规制等情况。政府是农业生产活动的组织者与推广者，不仅可以通过宣传指导培训等提升农户对农业信息的获取能力，提高农户对农业技术的认知，还能够反方向了解和纠正农户在认知和行为上可能存在的偏差。通过政府补贴能够促进农民发展农业的积极性，保证农产品质量。农户是理性的，追求利益最大化是他们的目标，当政府的经济补贴力度提高时，农户会为了提高经济收入主动加强对技术的认知，以便在后续操作过程中能够更加得心应手。同时政府规制可以约束农户不合理的技术实施行为，规范其生产行为。

2.3.1.2 农户绿色农业技术采纳意愿的影响

计划行为理论认为，所有可能影响行为的因素都是经由行为意向来间接影响行为的表现。行为意向是指个人对于采取某种特定行为的主观概率的判定，它反映了个人对于某一特定行为的采纳意愿。农户是农业生产的主体，农户的绿色农业技术采纳意愿实际上是绿色农业技术采纳行为的前提，它决定了技术推广进程和作用效果。绿色农业技术具有长期效益，农户为了获得更多可持续性的生产收益，会主动加大农业生产的投资力度，同时愿意花费大量的人力、物力、时间和精力投入到农业技术的学习中，通过参加技术培训活动来获取农业技术指导和其他的农业技术信息，进而提高了农户采纳绿色农业技术的动机。

采纳动机是推动个体从事某种活动，并朝一个方向前进的内部驱动力。农户是重要的农业经营主体，作为理性经济人，在决策过程中通常会权衡利弊、趋利避害，追求经济效益最大化。若农户认识到绿色农业技术具有节本增效、减少污染的好处，会提高其采纳意愿。而农户的行为动机不仅局限于实现自身利益，还会兼顾到对他人的影响和对社会的贡献。当考虑到不使用绿色农业技术可能会破坏生态环境，降低土壤质量甚至危及他人健康时，农户会提升采用意愿。

机会是指在一定时间范围内，个体所面临的有利情景，也可以说是农户对有利于其行为实施的外部客观因素的主观认知和判断，当农户感知到外部环境对其有益时，会增加其决策行为。农业社会化服务组织依托其专业型技术人才、先进的技术装备、绿色的生产资料等，在市场中扮演着至关重要的角色，其有利之处在于不仅可以缓解单个农户在采纳某种新技术时所面临的成本高、风险高、技术薄弱等问题，而且能够凭借其优势在市场竞争环节和产品销售链上为农户带来更有利的产出效率。

能力指个体决策的潜力和所需要的信息。有限理性行为理论指出，信息在个体的行为决策中至关重要，但是却数量有限，信息获取能力越高行为决策将越科学。农户获取信息的渠道越多元，技术知识的积累越丰富，规避市场风险的能力就越强，从而减少了信息不对称带来的不确定感。农户信息能力越高，对种植经验的积累越丰富，能够更全面地认识到采纳绿色农业技术在提高农产品品质、生产效率、改善生态环境中发挥的积极作用，因此对新技术的采纳意愿也会随之提升，其采纳动机也会更为强烈。

个人规范指采取或规避某个特定行为的道德责任或义务（万欣等，2020）。后果意识指对不实施某项特定行为，带来的不良后果的认知（Wang，2019）。责任归属指对不实施某项特定行为，带来不良后果的责任感（曹慧等，2018）。农户采纳绿色农业技术，实际上也是一种亲环境行为。随着国家实施绿色农业发展行动，政府规制也随之加强，农户对不使用绿色农业技术而产生的后果意识更加明确，其责任归属感也越强，因此个人规范的形成可能性越大。当个人规范被后果意识和责任归属激活后，会产生自责情绪，进而促进其进行绿色农业技术采纳，其采纳意愿和采纳行为直接决定了技术推广效率和成效。

2.3.1.3 农户绿色农业技术采纳行为的影响

农户是否采纳绿色农业技术以及对技术的采纳程度，实质上是对成本和收益的比较，以追求经济利益最大化为目标，在进行成本收益的权衡之后做出合理的决策。由于受资源禀赋和个人能力的限制，通过外部手段使经济主体产生的社会收益转化为私人收益是促进绿色技术采纳的根本措施。从收益角度来看，绿色农业技术具有提升农产品品质、提高农业生产效率和改善生态环境的优势，由此带来的市场收益和环境效益提高了农户技术采纳的主动性和积极性。从投入角度看，绿色农业技术在采纳过程中需要投入更多的学习时间和学习成本，而政府规制可以降低农户各方面的投入成本，有效促进农户采纳绿色农业技术。

农户资源禀赋对绿色农业技术采纳行为的影响。资本禀赋是农户采纳绿色农业技术的内生驱动力，资本禀赋越高的农户，采纳绿色农业技术的可能性越高。相关研究表明，农户的年龄（张童朝等，2020），文化程度（唐林等，2021），户主健康状况（王学婷等，2021），家庭农业劳动供给（周力等，2020），种植年限（冯晓龙和霍学喜，2016），种植面积（熊鹰和何鹏，2020），家庭收入水平（顾廷武等，2016），非农就业经历（罗明忠和雷显凯，2022），信息获取能力（高杨和牛子恒，2019），农户认知能力（张红丽等，2020），社会网络关系（余志刚等，2022），党员、村干部身份（陈强强等，2020），是否加入合作社（徐清华和张广胜，2022）等因素对农户绿色农业技术采纳行为有显著的影响。

农户内在感知对绿色农业技术采纳行为的影响。感知有用性和感知易用性越高（张嘉琪，2021），感知成本投入越低（盖豪等，2020），感知风险越低（仇焕广等，2020），感知社会利益越高（牛善栋等，2021），经济价值感知、生态价值感知和社会价值感越高（吴璟等，2021），农户对绿色农业技术的采纳程度越高。感知有用性反映一个人认为使用一个具体的系统对其工作业绩提高的程度。感知易用性反映一个人认为容易使用一个具体的系统的程度。感知技术成本是农户对采纳某种新技术所带来的成本节约的预期。本书的感知有用性可以看作是农户采纳某种绿色农业技术可以提高农业生产效率，进而提高农产品品质，带来一定的经济收益。感知易用性可以看作是农户在使用某种绿色农业技术前，根据经验和能力判断该项技术是否操作简单、容易上手，对技术的便利性和自身可接受可付出可操作的程度做出预估。感知技术成本是在使用某种技术之前，对所需要投入的成本做出估算，如果实际估算值小于预期则选择采纳该技术。农户在使用绿色农业技术之前，在没有外界条件影响的情况下，会凭借自身感知对技术做出主观判断，当保护性耕作技术带来的收益越大，技术的操作越简单，容易上手，技术耗费的成本越低时，农户认为通过较小的成本和简单的努力就可以获取技术，采纳的概率就会增加。

政府规制对农户绿色农业技术采纳行为的影响。经济学外部性理论认为，实施绿色农业技术存在显著的正向溢出效应和外部性，但往往无法满足农户的经济效益需求，仅仅依靠农户的自身力量难以实现技术采纳的普遍性和普适化，需要借助外部力量——政府规制予以辅助。政府通过宣传培训，强化了农户对绿色农业技术的了解深度和对生态环境保护的重视程度，加快了信息的扩散速度，提高农民在技术、市场、管理等方面的信息获取能力和处理能力。政府通过培训示范、专家讲座、技术服务等多种形式，强化了农户对绿色农业技术产生的经济效益和生态效益的认知，降低了农户在技术采纳过程中的需要付出的时间、学习、信息搜寻等交易成本。政府通过财政补贴、税费减免等激励手段，有助于降低农户绿色农业技术采纳的成本，弥补生产技术可能带来的成本损失，弥补市场机制的缺陷，提高资源配置效率，促进农户增加农业收入，形成稳定的收益预期。

2.3.2　农户绿色农业技术采纳行为的理论分析框架

根据计划行为理论，农户绿色农业技术采纳行为受到行为意愿的直接影响。通过前文的理论分析，农户绿色农业技术采纳行为还受到其他因素的影响，既包括农户层面的资源禀赋因素，也包括内部层面的内在感知因素，还包括外部层面的政府规制因素，但其影响的逻辑思路和作用路径均有不同。本书遵循行为经济学的研究范式，以计划行为理论和农户行为理论为基础，从内部因素和外部环境角度出发，探讨各个变量对农户绿色农业行为的促进作用或机制作用，并形成影响农户绿色农业技术采纳行为的理论分析框架。本书第 5 章主要分析人力资源禀赋、经济资源禀赋、社会资源禀赋、政府规制对农户绿色农业技术认知的影响。第 6 章在 MOA 理论和 NAM 理论的整合框架基础上，构建了一个包含内在动机和外部环境共同作用的整合分析模型，分析了后果意识、责任归属、个人规范和机会、动机、能力对农户绿色农业技术采纳意愿的影响，即从心理学角度出发，探讨农户对绿色农业技术的采纳意愿。第 7 章从实际生产行为角度，基于 S-O-R 拓展理论模型，构建了一个包含内在感知和外部刺激的分析模型，分析了农户资源禀赋、内在感知和政府规制对农户绿色农业技术采纳行为的影响。第8章基于感知价值理论，构建有调节的中介效应模型，从强制模式和内化模式两条路径分析了政府规制和感知价值对农户地膜回收的影响及作用机制。第9章为政策激励，即针对绿色农业技术采纳意愿不强或采纳程度不高的农户，主要从加强宣传、加快技术服务体系建设、支持农业技术社会供给，完善激励机制和加强政府管理规制等方面进行政策激励。一方面政策激励可增强农户对政府信任，让农户重新认知绿色农业技术并提高采纳意愿；另一方面补贴可改变农户的收入，直接影响农户采纳行为。

　　基于上述分析，本书构建出如图2-3所示的理论分析框架。

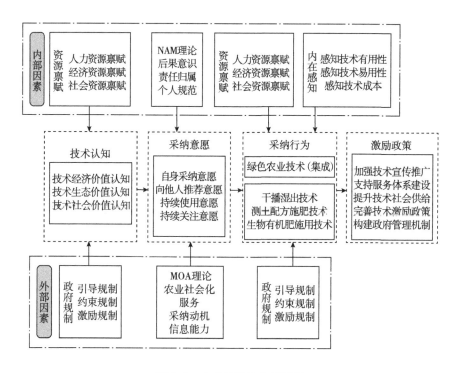

图2-3　本书的理论分析框架

2.4　本章小结

　　本章首先对研究中所涉及的核心概念进行了界定，包括农户、农户行为、绿色农业、绿色农业技术、绿色农业技术采纳行为内涵和外延。然后梳理并阐述了本书研究的相关理论，包括农户行为理论、计划行为理论、外部性理论和公共产品理论，分析了这些理论与研究主题的关系，以上概念和理论为研究提供了坚实的基础。其次，在相关理论的指导下分析了农户绿色农业技术采纳行为的影响机理，探讨了资源禀赋、内在感知、政府规制等对农户绿色农业技术认知、采纳意愿、采纳行为的影响机理。最后，构建了"技术认知—采纳意愿—采纳行为—激励政策"的理论逻辑分析框架，为后续章节实证研究的开展提供了理论支撑和实证分析框架。

第3章 棉花种植生产现状及绿色农业技术运用情况

在第2章厘清相关概念、理论基础和影响机理的基础上，为了更好地阐述棉花种植生产现状及绿色农业技术运用情况，本章着重介绍我国绿色农业技术运用现状，包括我国农用化肥、农药施用量和施用强度，农用塑料薄膜使用量，新疆棉花种植生产现状包括种植区域、种植面积、产量、单产以及棉花产业在区域经济发展及国内市场的作用，棉花种植过程中产生的生态效应外部性以及棉花种植过程中涉及的绿色农业技术。通过以上分析为后文研究奠定现实基础。

3.1 我国绿色农业技术应用现状

推进化肥农药减量化是加快农业全面绿色转型的必然要求，也是保障农产品安全，加强生态文明建设的重要举措。由于农户缺乏农药实施的安全意识和科学知识，农药施用过量和不规范施用对农产品、土壤造成了严重的污染。农用塑料薄膜在使用过程中特别容易遭到破损，其残膜残留在土地中，不仅不易回收且十分难以降解，严重影响土壤通气和水肥传导。2015年，农业部《关于打好农业面源污染防治攻坚战的实施意见》中提出：确保到 2020 年实现"一控两减三基本"的农业面源污染防控目标，"一控"是指控制农业用水总量和农业水环境污染。"两减"是指化肥、农药减量使用。"三基本"是指畜禽粪污、农膜、农作物秸秆基本得到资源化、综合循环再利用和无害化处理。意见充分体现了倡导节肥、节药、合理使用地膜，对保障农产品质量，推动农业绿色发展的积极作用。那么通过单位面积化肥和农药施用量和施用强度、农用塑料薄膜使用量三个指标可以衡量绿色农业技术的应用情况（见表 3-1）。如果三个指标在逐年下降，说明我国绿色农业技术的推广应用能力较好；反之，则表示绿色农业技术的应用推广有待加强。

表 3-1　1990~2021 年我国农用化肥、农药施用量和施用强度

年份	化肥		农药	
	施用量（万吨）	施用强度（千克/公顷）	施用量（万吨）	施用强度（千克/公顷）
1990	2590.3	174.59	73.3	4.94
1995	3593.7	239.77	108.7	7.25
2000	4146.4	265.28	128.0	8.19
2005	4766.2	306.53	146.0	9.39
2010	5561.7	350.68	175.8	11.08
2012	5838.8	357.30	180.6	11.05
2015	6022.6	361.00	178.3	10.69
2020	5250.7	313.50	131.3	7.84
2021	5191.3	307.73	123.9	7.34

资料来源：根据历年《中国农村统计年鉴》数据整理得出。

3.1.1　我国化肥施用量和施用强度情况

由表 3-1 可以看出，1990~2021 年，我国化肥施用总量由 2590.3 万吨增长至 5191.3 万吨，施用强度由 174.59 千克/公顷增长至 307.73 千克/公顷，远高于国际化肥投入警戒标准 225 千克/公顷，全国化肥施用量

占到世界化肥施用总量的35%，相当于美国、印度的总和。我国化肥利用率整体来看比较低，根据国家统计局发布的数据，近年来中国化肥利用率在50%左右，也就是说只有一半的化肥能够被作物吸收利用，另一半则会流失、挥发或固定于土壤中。而欧洲主要国家粮食作物化肥利用率大体在65%。从图3-1可以看出，我国化肥施用总量和施用强度经历了先上升后下降的变化趋势。1984年我国正式开始土壤检测工作，2005年在全国范围内组织开展测土配方施肥行动，启动实施了测土配方施肥补贴项目。尽管各地在积极探索测土配方施肥技术的推广运行机制，我国化肥的施用强度和施用量仍在逐年增加。从2015年开始，测土配方施肥工作进入常态化，也取得了一些实效，化肥的施用强度和施用量也得到了部分控制，但过度使用化肥依旧阻碍了我国农业绿色化发展的进程。

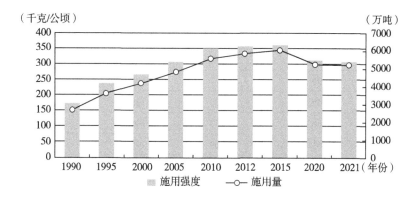

图3-1　1990~2021年我国化肥施用量和施用强度

3.1.2　我国农药施用量和施用强度情况

我国农药生产和使用量都居世界前列。全国主要粮食作物的农药利用率低于40%，而欧美发达国家的小麦、玉米等粮食作物的农药利用率可达到50%~60%。由表3-1可以看出，1990年我国农药施用总量为73.3万吨，2021年增长至123.9万吨，是1990年的1.69倍。施用强度由 4.94 千克/公顷增长至 7.34 千克/公顷，远高于发达国家的农药施用强度，农药施用量占世界农药使用总量的 1/3。从图 3-2 可以看出，1990～2021 年，我国农药施用总量和施用强度经历了先上升后下降的变化趋势。自 2015 年以来，农业农村部组织开展农药施用量零增长行动，颁布实施了一系列农药"减量增效"政策，各地加快探索工作机制与服务方式，农药施用总量和施用强度显著减少，农药利用率明显提升，促进了种植业高质量发展，但要达到国际标准依旧任重而道远。

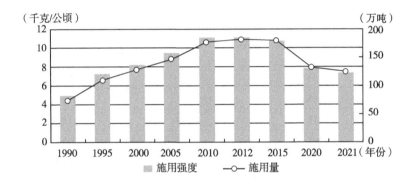

图 3-2　1990～2021 年我国农药施用量和施用强度

3.1.3　我国农用塑料薄膜使用情况

农用薄膜是应用于农业生产的塑料薄膜的总称，与化肥、农药、种子一样，是重要农资，对于播种时期的保湿、保温起着非常重要的作用，为"丰富米袋子、装满菜篮子"、农民增产增收发挥了重要作用。由表 3-2 可以看出，1995 年，我国农用塑料薄膜为 91.5 万吨，其中地膜使用量为 47.0 万吨，地膜覆盖面积 6493.0 千公顷。2021 年，农用塑料薄膜施用量由 1990 年的 48.2 万吨增长至 235.8 万吨，地膜覆盖面积达到 17282.2 千公顷，是 1995 年的 2.66 倍。从图 3-3 中可以看出，1990～2021 年，我国农用塑料薄膜、地膜使用量经历了先上升后下降的变化趋势。2015 年之前，农用塑料薄膜成为继种子、农药、化肥之后的第四大农业生产资料，由于过量使用以及回收处理不到位，也造成了严重的资源浪费和环境污染。自国家2007年首个"禁塑令"实施以来，国内相关政策在不断发展和完善，随着政策的不断趋严，自2016年后，中国农用塑料薄膜使用量开始逐年递减。如何科学合理使用地膜，有效捡拾回收废旧地膜，对治理农田"白色污染"，推动农业绿色发展至关重要。

表 3-2　1990~2021 年我国农用塑料薄膜使用量

年份	农用塑料薄膜（万吨）	#地膜使用量（万吨）	地膜覆盖面积（千公顷）
1990	48.2	—	—
1995	91.5	47.0	6493.0
2000	133.5	72.2	10624.8
2005	176.2	95.9	13518.4
2010	217.3	118.4	15595.6
2012	238.3	131.1	17582.5
2015	260.4	145.5	18318.4
2020	238.9	135.7	17386.8
2021	235.8	132.0	17282.2

资料来源：根据历年《中国农村统计年鉴》数据整理得出。

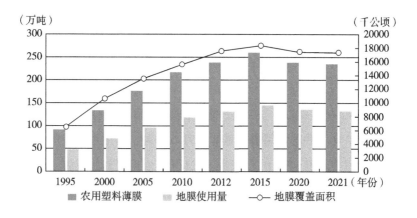

图 3-3　1995~2021 年我国农用塑料薄膜使用情况

3.2　新疆棉花种植生产现状

新疆昼夜温差大，属典型的大陆性干旱气候，南疆干旱，光照长，少雨，年降水量仅 20~100 毫米，而北疆却达 100~500 毫米。年平均气温南疆平原 10℃~13℃，北疆平原低于 10℃。两地特殊的地理位置和气候条件，与棉花种植所需气候与土壤等条件十分匹配，为棉花种植提供了得天独厚的自然条件。新疆是我国重要的棉花生产区之一，棉花种植过程中的上下游产业支撑着新疆千万人生计，棉花种植在当地经济中占有举足轻重的地位。2021 年，全区棉花产量 512.85 万吨，占全国产量的 89.5%，全区棉花生产面积、单产、总产和商品调出量已连续 28 年位居全国首位，棉花产量占全国和全球棉花产量的 87.3% 和 19%。

3.2.1　新疆棉花种植区域

新疆位于亚洲大陆中部，中国西北部，地域辽阔，土地总面积 166 万平方公里，是中国陆地面积最大的省级行政区，占中国国土总面积 1/6。新疆具有气候干旱、降雨量少、蒸发量大、日照充足、温差大的典型大陆性气候特点，在棉花种植中表现得更为突出。新疆的棉花产区主要包括南疆的阿克苏，北疆产区，还有东疆的哈密与吐鲁番，在新疆形成了南、北、东三大主力片区（见表 3-3）。其中最大的棉花产区就是南疆产区，主要分布在天山南麓、天山南脉直到昆仑北麓的漫长"C"形区域内。

表 3-3　新疆棉花种植区域分布情况

片区	地区	兵团
北疆	克拉玛依市 昌吉回族自治州：昌吉市、阜康市、呼图壁县、玛纳斯县、吉木萨尔县 伊犁哈萨克自治州直属：奎屯市、霍尔果斯市、察布查尔锡伯自治县、霍城县 塔城地区：乌苏市、沙湾县、托里县、和布克赛尔蒙古自治县 博尔塔拉蒙古自治州：博乐市、精河县	第四师：62团、63团、64团、65团、66团、67团、68团、69团、70团 第五师：81团、82团、83团、84团、85团、86团、89团、90团、91团 第六师：101团、102团、103团、105团、106团、107团、111团、共青团、六运湖、芳草湖农场、新湖农场 第七师：123团、124团、125团、126团、127团、128团、129团、130团、131团、137团 第八师：121团、122团、132团、133团、134团、135团、136团、141团、142团、143团、144团、石河子总场、147团、148团、150团、152团 第十师：184团 第十二师：222团
南疆	巴音郭楞蒙古自治州：库尔勒市、轮台县、尉犁县、若羌县、且末县、焉耆回族自治县、和硕县、博湖县 阿克苏地区：阿克苏市、温宿县、库车县、沙雅县、新和县、拜城县、阿瓦提县、柯坪县 克孜勒苏柯尔克孜自治州：阿图什市、阿克陶县 喀什地区：喀什市、疏附县、疏勒县、英吉沙县、泽普县、莎车县、叶城县、麦盖提县、岳普湖县、伽师县、巴楚县、塔什库尔干塔吉克自治县 和田地区：和田市、和田县、墨玉县、皮山县、洛浦县、策勒县、于田县	第一师：1团、2团、3团、4团、5团、6团、7团、8团、9团、10团、11团、29团、30团、31团、32团、33团、34团、35团、36团 第二师：28团、42团、43团、44团、45团、46团、47团、48团、49团、50团、51团、52团、53团 第三师：12团、13团、14团、15团、41团 第十四师：皮山农场、伽什农场
东疆	吐鲁番市：高昌区、鄯善县、托克逊县 哈密市：伊州区、巴里坤哈萨克自治县、伊吾县	第十三师：红星1场、红星2场、红星3场、红星4场、黄田农场、火箭农场、221团、榆树泉农场

资料来源：根据《新疆统计年鉴2022》《新疆生产建设兵团统计年鉴2022》数据整理得出。

南疆产区包括巴州、和田、喀什、克州、阿克苏等地，是新疆棉区的主要产棉地区之一。南疆的棉田多分布在塔里木盆地和昆仑山南麓一带，棉花品种以长绒棉居多，主要是中杂棉和前海棉。南疆产区靠近西藏和中亚地区，气候干旱，夏季炎热，降水少，地形多为盆地和山地，土地肥沃，且灾害性天气影响少，病虫害发生率低，棉花单产高。这些特点使得南疆的棉花生长周期较长，但是棉花短纤维含量相对较低，品质较好。

北疆产区包括博州、昌吉、伊犁、塔城、阿勒泰等地，主要种植中短绒棉，由于地处阿尔泰山脉和天山山脉之间，气候相对温和，降水较多，土地肥沃，适宜棉花生长，因此生长周期较短，但是短纤维含量较高，品质相对较差。

东疆棉区包括吐鲁番和哈密两大主产区，适宜种植中熟陆地棉和早、中熟长绒棉。该棉区属于暖温带干旱区气候，有利条件是光热资源充足，不利条件是水资源紧缺，高温酷热，大风天气多，不利于棉花的生长发育，另外葡萄、瓜果的经济效益高于棉花，因此，无法大幅度扩大棉花的种植面积。

3.2.2　新疆棉花种植面积

如图 3-4 所示，1990~2021 年，新疆棉花播种面积有较大幅度的波动，具体情况如下：①1990~2000 年，棉花产业全面快速发展阶段。由于国家区域经济结构调整，对棉花产业的发展战略与结构调整做出了具体安排，棉花生产规模迅速扩大。1990 年新疆棉花种植面积为 652.8 千公顷，随着时间的推移棉花种植面积逐渐扩大，截至 2000 年，新疆棉花种植面积已经增长到了 1012.3 千公顷，是 1990 年的 1.55 倍。新疆棉花种植面积占全国棉花种植面积比从 1990 年的 7.8% 增长到了 2000 年的 25.0%，首次突破了 1/4。说明新疆一跃成为我国最大的且具有世界影响力的棉花主产区。新疆棉花种植面积占新疆耕地面积比从 1990 年的 21.9% 增长到了 2000 年的 29.8%，说明棉花已经成为新疆重要的经济作物。②2000~2021 年，棉花产业稳步发展阶段。我国正式加入世界贸易组织（WTO）后，新疆棉与进口棉争夺国内棉花市场的序幕正式拉开，新疆棉花种植面积稳步上升。2007 年，新疆棉花种植面积达到顶峰，增长到了 1782.6 千公顷。随后由于政策调整和市场环境变化，棉花种植面积逐渐减少，2010 年下降到了 1460.6 千公顷。近年来，由于共建"一带一路"倡议和新疆棉花的高品质和低成本竞争力，棉花种植有所恢复并持续保持快速增长趋势。2021 年增长到了 2506.1 千公顷，比 1990 年增长了 3.84 倍。新疆棉花种植面积占全国棉花种植面积比从 2000 年的 25.0%增长到了 2021 年的 82.8%，增长了 3.31 倍，说明新疆棉区已经成为中国最重要的种植基地。新疆棉花种植面积占新疆耕地面积比缓慢增长，2007 年达到顶峰，增长到了 42.4%，随后呈现下降趋势，2011 年开始又慢慢上升，到 2021 年，占比达到 39.2%。说明棉花种植已经成为新疆最重要的经济作物。

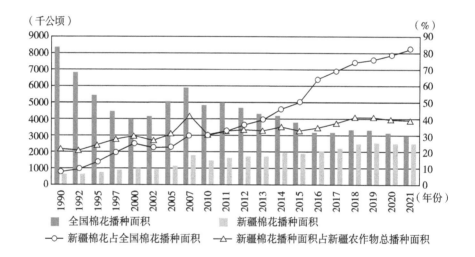

图 3-4　1990~2021 年新疆棉花播种面积与全国面积对比

资料来源：根据历年《新疆统计年鉴》数据整理得出。

3.2.3　新疆棉花种植产量

如图 3-5 所示，1990~2021 年，新疆棉花种植产量有较大幅度的波动，具体情况如下：①1990~2000 年，新疆棉花产量迅速增长，由 1990 年的 46.9 万吨增长至 2000 年的 145.6 万吨，增长了 3.1 倍。随着产量的

增加，新疆棉花占全国棉花产量的比重也进一步提高，从1990年的
10.4%增长到了2000年的33%，说明新疆棉花生产在全国来说占有重要
的地位。②2000~2021年，新疆棉花种植产量与全国棉花产量同步呈现增
长和下降趋势。2000年新疆棉花种植产量仅为145.6万吨，2021年已经
达到512.9万吨，是2000年的3.5倍。截至2021年，新疆棉花总产量连
续四年稳定在500万吨以上，占全国比重连续六年超过80%。在这些年
里，新疆政府采取了一系列措施来促进棉花种植和生产。例如，出台了一
系列优惠政策，鼓励农民开展棉花种植。同时，政府加大了对棉花种植和
生产的投入，建立了一批现代化的棉花加工企业，提高了产业规模和效
益。此外，新疆的棉花品质也得到了大幅提升。随着技术的不断进步和改
良，新疆棉花的品质越来越好，逐渐成为国内外市场热销的优质棉花。

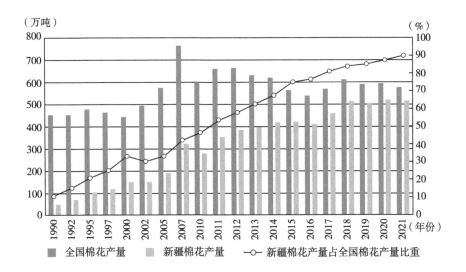

图3-5 1990~2021年新疆棉花产量与占全国产量比重

资料来源：根据历年《新疆统计年鉴》数据整理得出。

3.2.4 新疆棉花种植单产

如图3-6所示，1990~2021年，新疆棉花单位面积产量有较大幅度

的波动，具体情况如下：①1990~2013 年，新疆棉花单产呈现出快速增长趋势，1990 年新疆棉花单产面积为 718.4 千克/公顷，在 2013 年突破到 2290.6 千克/公顷。在这一时期，新疆棉花单产均高于全国单产，其中 2003 年是全国单产的 1.594 倍，达到了差距顶峰。从新疆棉花单产面积占全国面积来看，2011 年、2012 年、2013 年连续三年达到最高值 1.6%。说明新疆实施一系列措施扶持棉花及相关产业发展，棉花生产呈现规模化种植比例增加、种植成本降低、全程机械化、集约化水平提升的发展态势。②2013~2021 年，新疆棉花单产呈现出波浪式增长趋势，2021 年新疆棉花单产面积为 2046.6 千克/公顷，是 1990 年的 2.85 倍。新疆棉花单产面积占全国面积的 1.1%。从 2021 年各省份棉花单位面积产量来看，仅有新疆地区棉花单位面积产量超全国平均值，达 2046.4 千克/公顷，超过全国平均值 153.8 千克/公顷；其后是甘肃棉花单位面积产量为 1882.8 千克/公顷；江西棉花单位面积产量为 1557.8 千克/公顷。

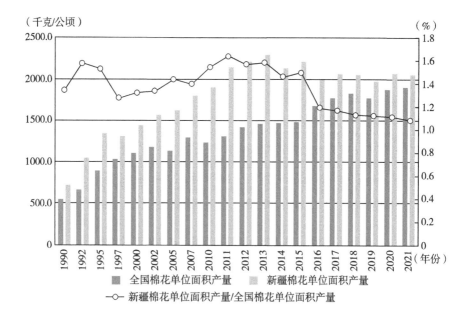

图 3-6　1990~2021 年新疆棉花单产与全国单产对比

资料来源：根据历年《新疆统计年鉴》数据整理得出。

3.2.5　新疆棉花种植的重要作用和意义

新疆是我国重要的棉花生产地区之一,棉花种植业具有重要的经济和社会意义。新疆棉花产业是农村经济的支柱之一,可以促进当地农民就业和增加收入。据自治区农业农村厅数据显示,新疆共有 61 个县市区、110个兵团团场种植棉花。可以说棉花种植业推动了当地农村的发展,提高了居民的生活水平。新疆棉花产业在国内外市场上占有重要的地位。棉花是纺织工业的重要原材料,用途广泛,是生产各种纺织品的主要原料之一。世界各国的棉纺织品需求量很高,而棉花是纺织品的主要原材料,因此具有重要的市场地位。新疆长绒棉花的质量很高,价格也很优惠,被广泛应用于国内外纺织、服装、家纺等领域,推动了我国纺织出口的发展。中国是棉花的主要生产国之一,棉花产业在中国的经济和社会发展中具有重要的作用。棉花的生产、加工和销售等环节涉及很多农民和相关企业,对中国的就业和经济发展有着重要的贡献。新疆棉花产业还对保障国家的战略安全和稳定社会经济发展起到了重要作用。

3.3　棉花种植过程中产生的生态效应负外部性

棉花种植过程中会对生态环境产生一系列的影响,主要包括化肥农药等化学物质使用过程中对环境的影响,水资源的不合理利用,土地不合理的开发,以及棉花种植产前、产中、产后耕作中对环境都会产生较大的影响。

3.3.1　化肥农药使用过量对生态环境产生严重污染

在棉花的种植过程中,化学物质的使用主要包括化学肥料以及化学农药的使用。盲目过量使用化肥和农药可能导致生态环境遭受多方面威胁如对环境中的水资源、土壤以及大气等产生一定的影响，进而对人类健康造成潜在的危害。在化肥的使用过程中，对于化肥的过度使用会使得土壤中的肥料过剩，不仅会影响土壤的 PH，改变土壤的原有资源结构，还会通过进入地下水对水资源产生一定的影响，出现富集化问题，导致土壤以及地下水中的微生物种群发生改变，严重者会造成土壤退化等问题的发生，继而使得大环境的动态平衡被打破。而农田中对氮肥的过度使用会使得农田里的氮肥挥发进入大气层中，而大量氮肥的挥发会使得大气中原有的气体平衡发生变化，而且在紫外线等条件的催化下，会使得大气层中的臭氧层发生破坏，继而对其产生一定的影响。成熟的棉花可以为生态平衡提供保护性覆盖层和栖息地，但是化肥和农药的过量使用可能会影响其他生物的生存环境，导致生态平衡的破坏。

化学农药的使用不仅会带来上述问题，影响环境的动态平衡，而且化学农药中存在一定的化学物质，在自然环境以及生物体内是难以消耗的，所以，会随着食物链的发展模式一步步进入人体中，对人体产生极大的危害，大量杀虫剂等农药的使用不仅会对害虫造成一定的危害，还会杀死其中的益虫，继而使得环境中的生物量变得单一，导致动态平衡失调现象的发生，使得农田里的生物多样性资源减少，继而使得农田里的作物资源生长状况差，不利于棉花的收成。

3.3.2 地膜残留"白色污染"严重破坏农业生态环境

2021 年，新疆农用塑料薄膜使用量为 26.15×10^4 吨，地膜使用量为 24.04×10^4 吨，地膜覆盖面积为 3606.23×10^3 公顷，农用塑料薄膜使用量、地膜使用量和地膜覆盖面积都稳居全国榜首。2021 年全国棉花播种面积为 3028.2×10^3 公顷，新疆棉花播种面积为 2506.1×10^3 公顷，新疆占全国棉花播种面积的 82.78%。2021 年，新疆农作物总播种面积为 6280.0×10^3 公顷，新疆棉花播种占农作物总播种面积的 39.24%，占地膜覆盖面积的 69.49%。新疆棉田地膜平均残留量在 260 千克/公顷以上，是全国农田地膜平均残留量的 4 倍多。

地膜很难腐烂分解，一些废旧农膜未及时回收，年年积累，越积越多，造成严重的棉田"白色污染"，对农业绿色发展构成了潜在威胁。一是土壤污染。地膜残留会使土壤中的营养元素和微生物失衡，导致土壤肥力下降，影响植物的正常生长，甚至对土壤造成污染。二是环境污染。地膜残留可能随水流进入水体，导致水质污染，危害水生生物的健康和生存环境。同时，地膜残留也可能通过气体挥发和漂浮进入大气中，污染环境。三是生态平衡破坏。地膜残留会影响植物的根系生长和土壤呼吸，破坏土壤生态平衡，导致生态系统不平衡。四是对畜牧业的污染。地面露头的残膜与牧草收在一起，牛羊误吃残膜后，阻隔食道影响消化甚至死亡，严重影响畜牧业的发展。地膜制品中的增塑剂具有低水溶性和显著的生物累积性，可通过土壤系统对作物产生毒害，进一步通过各种途径威胁粮食安全，影响人畜健康。五是对农村景观环境的影响。由于地膜用量逐年增加，而残膜的回收利用率低，加上处理回收残膜不彻底，部分清理出的残膜被简单地填埋或者弃于田边、地头，大风刮过以后，残膜被吹至房前屋后、田间、树梢影响农村环境景观，造成"视觉污染"。

3.3.3 土地的过度开发利用进一步挤占有限水资源

新疆属于干旱地区，且南疆、北疆、东疆水资源分布不均衡，特别是南疆三地州，长期受到干旱的困扰，新疆农业用水多以地表水为主，水量不够时，地下水和地表水互为补充。但近年新疆部分地区尤其是北疆遭遇枯水年，来水量整体偏少，加之新疆对地下水超采进行严格限制，因此部分地区"缺水"情况可能更突出。事实上，水资源短缺、水资源利用率不高已经成为制约新疆棉花发展的一大因素。

2021 年，新疆供水总量为 571.37 亿立方米，其中地表水源供水量420.07 亿立方米，地下水源供水量 147.12 亿立方米；农业用水量占比最高，达 526.72 亿立方米。棉花作为一种耗水量较大的作物，在生长期需要大量的水分支持其生长发育，因此棉田的过度开发会对水资源造成很大压力。据估算，种植 1 千克棉花需要 20000 升水。每年，棉花的生产和加工需要的用水量为 1980 亿立方米，相当于英国整个国家一年用水量的 16 倍。以一件纯棉 T 恤举例，生产一件简单的纯棉 T 恤，从种植棉花到最后生产出来需要使用 2700 升水，相当于一个成年人 900 天的饮水量。棉田的耕种方式通常采用灌溉，而灌溉的水源往往是有限的水资源，过多的灌溉会加重水资源的负担，并导致水资源的短缺。在进行棉花的种植过程中对于棉花的过度灌溉造成了水资源的浪费，且灌溉不合理极易引发土壤盐渍化现象的发生，直接后果是大面积的农田被迫弃耕，严重威胁到生态稳定和安全，对环境造成了一定的危害。且棉田的过度开发还会导致当地水土流失、水质恶化等环境问题，进一步影响水资源的可持续利用。

3.3.4 不合理的耕作导致土地质量与肥力严重退化

棉花种植过程中对土地利用不合理，重用轻养，土地质量严重下降。一方面，过度耕作会使土壤中的有机质和营养物质流失加剧，土壤缺乏养分，导致棉花缺乏足够的营养物质，从而使棉田的肥力下降。养地作物苜蓿、绿肥及豆科作物的经济效益较小，因此导致种植面积小，棉田不能合理轮作倒茬，土壤肥力下降。长期种植单一作物导致农田素质下降，特别是长期在同一块地上种植单一的棉花品种，使地块板结、土壤有机物质下降和化学元素失衡，土壤结构失调。另一方面，由于新疆耕地长期使用土地短期承包制，致使承包土地农户追求土地效益最大化，而忽视土地的生态养护，只考虑在土地中种植经济效益好的作物，忽视对土地生物培肥，特别是在农户承包期的最后几年更是将土地肥力耗尽。肥力耗尽的土地，由于缺少养护，极易造成土地荒漠化。

综上所述，在棉花的种植过程中，不合理的生产方式和过度的农业开发会产生强烈的生态负外部性，主要表现为肥料与农药的化学物质的过度使用产生的"农业化学污染"，以及地膜残留等产生的"白色污染"，过度的农业开发和不合理的耕作方式还导致水土资源的过度损耗，而农业生态没有得到较好的维护和修复。因此，推动实施绿色农业技术对恢复农业生态，实现农业可持续发展具有重要意义。

3.4　棉花种植过程中的绿色农业技术

棉花种植生产过程要经历前期深耕深松、品种选择，中期适时播种、合理密植、化学调控、肥水投入、打顶整枝，中后期田间管理、病虫害防治、化学脱叶剂使用，后期机械采收、秸秆还田、清理残膜等一系列步骤。本书选取涉及棉花种植生产过程的产前、产中和产后 8 种绿色农业技术，其中，产前选取干播湿出技术；产中选取病虫害绿色防控技术、测土配方施肥技术、生物有机肥施用技术、科学施药技术、膜下滴灌技术；产后选取地膜回收技术、保护性耕作技术。

3.4.1　棉花种植产前的绿色农业技术

干播湿出技术是指在棉花播种前既不冬灌也不春灌，适时耕耙整地后，不考虑土壤墒情，直接完成铺膜布管播种一体化作业，待达到适宜的出苗温度时通过膜下滴灌方式少量滴水，使膜下土壤墒情达到棉花种子出苗的要求。经过多年的发展，干播湿出作为膜下滴灌的一项常规技术在兵团北疆地区应用超过 1000 万亩，覆盖全部滴灌作物。近年来，该技术在南疆地区开始推广应用，但面积规模有限，推广面积不到 10%。干播湿出技术具体步骤如下：一是土壤处理。在干旱的土壤上进行耕作，除草和翻耕等处理，为种子提供良好的生长环境。二是播种。将种子均匀撒在准备好的土壤上，建议每亩播种 2.5~3.0 千克种子。三是湿出。在播种后 3~5 天，及时进行第一次喷水灌溉，让种子逐渐吸收水分，促进发芽。不要过度浸水，一般情况下每次灌水量为 20~30 毫升。四是管理。在干播湿出的过程中，要及时巡视，防止过度浸水，避免出现积水造成根部死亡。五是加强管理。在干播湿出的过程中，要加强管理，经常进行施肥、打药、除草等工作，保证棉花正常生长。

3.4.2 棉花种植产中的绿色农业技术

3.4.2.1 病虫害绿色防控技术

棉花的病虫害防控技术是以天地防治的生物为主、化学农药防治为辅，采取棉花抗性品种、生产措施、生物性天敌、化学药剂综合防治技术，严控化学农药，从源头上减少和控制病虫害的发生和传播。包括以下几种：一是环境管控。通过改变棉田的环境，如加强通风、提高土壤温度、加强光照等手段，使其不利于病虫害发生和生长。二是物理防治。采用人工措施，如捕杀害虫、选用抗病虫害品种、清除植被等方法。三是非化学防治。采用有机肥料、微生物制剂、植物提取物等非化学的防治方法，如利用蚜虫的天敌等进行控制。四是施药防治。采用生态友好型的农药，以最小的剂量和最少的施用次数，达到防治目的。

3.4.2.2 测土配方施肥技术

测土配方施肥技术是指根据土壤的性质和植物的需求，通过化验分析土壤，制定合理的施肥方案，达到科学、精准、高效的施肥目的。在棉花种植过程中，测土配方施肥技术的步骤如下：一是土壤采样。在下雨前或灌溉后2~3天，从不同深度的5~10个代表性样点采集土壤，混合均匀后称取一定量的土样，作为化验的样品。二是化验分析。将土样送到专业机构进行化验分析，包括土壤有机质、全氮、速效磷、交换性钾等多项指标。根据分析结果，绘制土壤养分含量的分布图。三是制订施肥方案。根据棉花生长各阶段的养分需求和土壤的养分含量分布图，制定科学合理的施肥方案，包括肥料种类、用量、施肥时间和方法等。四是施肥管理。施肥期要注意天气、土壤墒情和棉花生长情况，根据实际情况进行调整。同时，注意化肥种类的搭配，不同肥料之间要配合得当，以充分发挥肥料的作用。

3.4.2.3 生物有机肥施用技术

生物有机肥施用技术是一种环保、健康、高效的肥料施用方式，可以提高棉花的质量和产量，同时也能减轻化肥的污染问题。对于棉花生产耕地，要不断投入肥力，以维持其高生产力水平。生物有机肥施用技术是指在种植过程中，注重化肥与有机肥结合，改善农田土壤结构，为作物提供良好的通气、透水的良好生存、生长环境。生物有机肥可以采用底肥和追肥两种方法施用。底肥是指将生物有机肥在播种前充分施入土壤底部，与土壤混合。追肥是在棉花苗期间，根据棉花生长需要适时施用。在棉田地，将棉籽饼、根茎茬与有机肥或化肥合理地融为一体，使有机与无机肥相结合，发挥互补效应，有条件的情况下还可以多施肥羊粪、牛粪等生物有机肥，以此建立新的培肥体系。

3.4.2.4　科学施药技术

科学施药技术是指根据棉花的生长特点和病虫害发生规律，尽可能采纳低毒、高效、低残留的生物农药，达到防治病虫害的目的，同时保护环境和人体健康。棉花种植过程中的科学施药技术包括以下几个方面：一是病虫害监测。定期检查棉花田间的病虫害情况，了解病虫害种类、密度和分布情况，及时采取防治措施。二是药剂选择。选择安全、有效、环保的农药，尽量采用低毒、低残留、生态友好的药剂，减少对环境的污染和对人体健康的危害。三是施药时间。根据病虫害种类和发生规律，选择合理的施药时间和方法，如避开高温、强光或下雨天气，避免药剂损失和药害发生。四是施药量。根据病虫害的严重程度、作物的生长状态和药剂的浓度，合理地控制药剂的使用量，避免过量使用药剂，导致农田环境污染和人体健康风险。五是施药方法。选择合适的施药方法，如喷雾、灌溉、土壤处理等，确保药剂能够均匀、有效地覆盖棉花和田间病虫害区域。

3.4.2.5　膜下滴灌技术

在棉花种植过程中，膜下滴灌技术是一种高效的灌溉方式，它将滴灌技术和地膜覆盖技术结合起来，可以减少水分蒸发和灌溉水的流失，提高水分利用效率，提高棉花产量和品质。膜下滴灌技术的具体操作步骤如下：一是铺设膜。在棉花生长地表面铺设滴灌管和地膜，用洼地形式种植棉花，使根系扎根在地面下方。二是打孔。在地膜上按照行距和株距打孔，将滴灌管埋入孔中，使其贴近地表。三是排水。在洼地中充分排水，避免水分积聚，影响棉花生长。四是施肥。在灌溉前根据棉花生长需要施肥，将肥料均匀埋入地面下方。五是灌溉。根据棉花生长需要，调整灌溉水量和灌溉频率，使水分充分渗透到土壤中，切忌过量灌溉，避免浪费。六是管理。在棉花生长过程中注意对膜下滴灌系统的监测和维护，定期除草、松土和检查滴灌管道是否损坏。膜下滴灌技术可以有效地减少水分蒸发和流失，提高水分利用效率和棉花产量，同时还可以控制土壤含水量和肥料释放速度，减少农药和肥料的浪费，从而实现节水、高效、环保的种植模式。

3.4.3 棉花种植产后的绿色农业技术

3.4.3.1 保护性耕作技术

保护性耕作技术是指在不破坏土壤质量和生态环境的前提下，采取一系列措施保护土壤、改善土壤质量、提高土壤肥力，并促进植物生长。在棉花种植过程中，保护性耕作技术的主要措施包括以下几个方面：一是覆盖作物秸秆。将秸秆或其他植物残余物铺在土地表面，防止水流冲刷和土壤侵蚀，同时还能改善土壤质量和提高土壤肥力。二是绿肥种植。在棉花休耕期间，种植绿肥作物，例如燕麦、豌豆、紫云英等，能够提高土壤有机质含量和固氮能力，改善土壤肥力。三是轮作制度。通过轮作制度，能够有效地控制土壤病原体的传播和繁殖，同时还能提高土壤肥力和棉花产量。四是深翻耕作。在不破坏土壤结构的前提下，进行深度犁地，能够提高土壤通气性和透水性，改善土壤质量。五是化学施肥。采用科学的测土配方施肥技术，合理施用化肥，避免浪费和污染，同时还能提高棉花产量和质量。

3.4.3.2 地膜回收技术

地膜回收技术是指在棉花种植结束后，将使用过的地膜收回或处理，避免对土壤和环境造成污染和破坏。棉花种植过程中大量使用地膜，残留的地膜对土壤环境造成的"白色污染"越来越严重，不仅破坏土壤结构，危害棉花生长，污染生活环境，危害牲畜，还会影响机械化作业。地膜回收技术主要有以下几个方面：一是收集和处理。在棉花收割后，将地膜按照规定的时间和要求进行收集，送到专门的回收处理站点进行处理。二是确定回收时机。按照地膜类型、使用时间和机械的可用时间等条件，确定地膜的回收时间，避免过早或过晚回收导致的浪费和污染。三是回收前准备。在回收前应对地膜进行检查清洗，检查是否损坏，是否有病虫害残留等情况，以便进行针对性的处理。四是再利用。经过回收处理后的地膜可以进行再利用，如再次铺设在田间、用于垂直绿化、制作袋子等。通过此项技术治理了棉花覆膜种植带来的"白色污染"，改善了农业生产的环境，实现残膜回收，变废为宝，实现了资源再利用。

采纳绿色农业技术不仅可以提高农户的经济效益，还可以促进环境保护、社会交往和信息传递、生活品质和健康状况等方面的改善。一是增加农户的经济效益。采纳绿色农业技术可以降低农业生产的成本、提高农产品的质量和产量，从而增加农户的经济效益。例如，使用绿色农药可以减少农药的使用量和农药残留，降低农业生产的成本，提高农产品的品质和价格。二是增强环境保护意识。绿色农业技术采纳可以增强农户的环境保护意识和责任感，降低农业生产对环境的污染和破坏。例如，使用有机肥料可以减少化肥对土壤的污染，改善土壤质量，提高土壤的肥力。三是加强社会交往和信息传递。采纳绿色农业技术可以促进农户之间的交往和信息传递，提高农户的合作和组织能力。例如，参加绿色农业技术培训和交流活动可以增加农户之间的交流和合作，形成更加紧密的农业社区。四是改善生活品质和健康状况。采纳绿色农业技术可以改善农户的生活品质和健康状况，减少农药、化肥等化学品对农户的危害和损害。例如，使用绿色农药可以降低农药残留对人体的危害，保障农户的健康和安全。

3.5 本章小结

本章首先对我国农业技术应用现状进行了统计分析，其次对新疆棉花种植生产现状进行了分析，然后对棉花种植过程中产生的生态效应外部性进行了分析，最后对棉花种植过程中的绿色农业技术使用进行了分析。得出以下主要结论：

第一，1990～2021 年，我国化肥施用总量由 2590.3 万吨增长至 5191.3 万吨，施用强度由 174.59 千克/公顷增长至 307.73 千克/公顷，远高于国际化肥投入警戒标准 225 千克/公顷，全国化肥施用量占到世界化肥施用总量的 35%。1990 年我国农药施用总量为 73.3 万吨，2021 年增长至 123.9 万吨，是 1990 年的 1.69 倍。施用强度由 4.94 千克/公顷增长至 7.34 千克/公顷，远高于发达国家的农药施用强度，农药施用量占世界农药使用总量的 1/3。1995 年，我国农用塑料薄膜为 48.2 万吨，其中地膜使用量为 47.0 万吨，地膜覆盖面积 6493.0 千公顷。2021 年，农用塑料薄膜施用量由 48.2 万吨增长至 235.8 万吨，地膜覆盖面积达到 17282.2 千公顷，是 1995 年的 2.66 倍。

第二，新疆的棉花产区主要包括南北东三大主力片区，南疆的阿克苏，北疆产区，还有东疆的哈密与吐鲁番。新疆棉花总产、单产、种植面积、商品调拨量连续 20 余年位居全国第一。新疆棉花产业是新疆农村经济的支柱之一，对保障国家的战略安全和稳定社会经济发展起到了重要作用。

第三，棉花种植过程中会对生态环境产生一系列的影响。棉花种植过程中化肥、农药等化学用品的过量和不科学使用对生态环境产生了严重的污染。地膜残留"白色污染"也严重破坏了农业生态环境。土地的过度开发利用进一步挤占了有限的水资源。不合理的耕作导致土地质量与肥力严重退化。

第4章 农户绿色农业技术采纳现状及特征分析

在第3章棉花种植生产现状及绿色农业技术运用情况的基础上，本章首先对调研数据来源与样本特征进行描述性统计分析，介绍了本书课题组开展的调研工作、主要调研内容及样本农户的基本特征。其次，利用微观调研数据对样本区农户绿色农业技术认知情况、采纳意愿、采纳行为及地膜回收总体情况进行了描述性统计。最后，根据现状总结出样本区域农户绿色农业技术推广和采纳过程中的具体情况，以期为后文实证研究提供数据支持，奠定现实基础。

4.1 数据来源与样本描述

4.1.1 数据来源

为保证调研质量，本书课题组在调研过程中主要开展了以下工作：

于 2019 年 9 月至 2020 年 3 月，赴石河子相关团场、玛纳斯县、沙湾县棉花涉企联盟等地，与村干部、相关技术人员、棉花种植农户等进行了访谈交流，并在查阅大量文献资料的基础上，了解到棉花的生产种植、加工销售、种植过程中涉及的绿色农业技术等，通过与团队成员反复讨论磋商，在导师的指导下，设计和修正了调查问卷《新疆棉花种植农户绿色农业技术采纳行为研究》。

于 2020 年 4~7 月，选取南疆、北疆部分地区发放调查问卷并进行了预调研，在调研数据分析的基础上咨询了相关专家的意见，修改并完善了问卷。参加了部分地区政府部门组织的棉花种植大户高产经验交流会、新疆棉花绿色优质高效生产技术高级研修班等，听取了相关报告，参加了座谈交流，为后期对策建议部分积累了实用性支撑材料。

因调研区域较为广泛，为保证调研的时效性、有效性和高效性，课题组培训了参与调查的 10 余名调研员，主要针对调研意义、调研目的、调研内容、调研方法以及调研注意事项等多方面开展培训，以提升调研员的综合素养。

于 2020 年 8 月~2021 年 8 月，对在新疆地区组织的棉花种植农户进行微观调查，调研区域涉及北疆、南疆、东疆，同时兼顾考虑自治区和兵团，调研共计 33 个县（市）、团（农）场。实际调研以调查员与棉农"一对一"入户访谈的形式开展。鉴于疫情防控特殊时期，部分调研问卷通过委托当地相关部门工作人员、高校本科生等进行发放。调研共发放问卷 900 份，删除无效问卷、关键信息缺漏等问卷后，得到有效问卷 863 份，问卷有效率为 95.89%。

为深入剖析地膜回收过程中存在的问题，课题组还访谈了 10 余名村支书、村主任、连长等熟悉基层情况的行政干部，以期为对策建议部分提供更丰富的材料支撑。

4.1.2 调研内容

本次调研主要围绕以下 5 个部分展开：

4.1.2.1 样本农户的基本情况

主要包括性别、年龄、文化程度、身体健康状况、是否户主、社会地位、社会网络关系等。

4.1.2.2 样本农户的棉花种植生产情况

主要包括种植地区、种植年限、家庭总人口、家庭总收入、种植面积、组织社会化等。

4.1.2.3 农户绿色农业技术认知情况

主要包括生态环境和农业经济重要性的认知、绿色农业技术价值认知（经济价值认知、生态价值认知、社会价值认知）、农户的其他认知（政府规制、采纳动机、农业社会化服务、农户信息能力、后果意识、责任归属、个人规范）等。

4.1.2.4 农户绿色农业技术采纳行为情况

主要包括农户对绿色农业技术的采纳意愿（绿色农业技术采纳意愿、向他人推荐绿色农业技术意愿、重复使用绿色农业技术意愿、持续关注绿色农业技术意愿）。农户对绿色农业技术的采纳行为（采纳了几种技术、技术采纳程度）等。

4.1.2.5 农户棉花种植过程中地膜回收情况

主要包括地膜回收意愿、地膜回收行为等。

4.1.3 样本描述性统计分析

为对样本农户的基本信息有较为清晰的了解，通过对调研数据的整理，从农户性别、年龄、文化程度、健康状况、兼业情况、种植地区、家庭劳动力数量、家庭总收入、种植经验、种植面积等15个方面的家庭特征进行描述性统计分析。调研样本农户主要特征如表4-1所示。

表4-1 样本基本特征分析

特征	分类	频数	比例（%）	特征	分类	频数	比例（%）
性别	男	566	65.6	家庭成员或者亲戚是否有人在连队或村委工作	是	220	25.5
	女	297	34.4		否	643	74.5

特征	分类	频数	比例（%）	特征	分类	频数	比例（%）
年龄（岁）	18以下	51	5.9	种植地区	兵团	483	56.0
	18~35	333	38.6		自治区	380	44.0
	36~45	239	27.7	家庭劳动力数量（人）	1	416	48.2
	46~55	170	19.7		2	380	44.0
	55以上	70	8.1		3	54	6.3
文化程度	没上过学	56	6.5		4	9	1.0
	小学	75	8.7		5	4	0.5
	初中	258	29.9	家庭总收入（万元）	0~5	297	34.4
	高中/中专	279	32.3		5~10	140	16.2
	大专及以上	195	22.6		10~15	293	34.0
健康状况	差	37	4.3		15~20	68	7.9
	较差	58	6.7		20以上	65	7.5
	一般	162	18.8	种植经验（年）	0~5	276	32.0
	较好	253	29.3		5~10	187	21.1
	很好	353	40.9		10~20	247	28.6
是否兼业	是	379	43.9		20~30	88	10.2
	否	484	56.1		30以上	70	8.1
是否加入合作社	是	361	41.8	种植面积（亩）	0~30	248	28.7
	否	502	58.2		30~50	175	20.3
是否为村干部	是	144	16.7		50~80	51	5.9
	否	719	83.3		80~100	292	33.8
是否是户主	是	447	51.8		100以上	97	11.2
	否	416	48.2				

4.1.3.1 性别方面

受访棉花种植农户以男性居多。其中，男性占样本农户的65.6%，女性占样本农户的34.4%。

4.1.3.2 年龄方面

以青年农户偏多。其中，18岁以下占样本农户的5.9%，18~35岁占样本农户的38.6%；36~45岁占样本农户的27.7%，46~55岁占样本农户的 19.7%，55 岁以上占样本农户的 8.1%。

4.1.3.3 文化程度方面

没上过学占样本农户的 6.5%，小学占样本农户的 8.7%，初中占样本农户的 29.9%，高中/中专占样本农户的 32.3%，大专及以上占样本农户的 22.6%。由此可见，农户的受教育水平在逐步提高。

4.1.3.4 健康状况方面

身体差的占样本农户的 4.3%，较差的占样本农户的 6.7%，一般的占样本农户的 18.8%，较好的占样本农户的 29.3%，很好的占样本农户的 40.9%。由此可见，样本农户的身体健康状况总体较好，一般以上占到 89%。

4.1.3.5 兼业情况方面

兼业农户占样本农户的 43.9%，56.1%的农户没有从事兼业活动。

4.1.3.6 社会组织方面

加入合作社农户占样本农户的 41.8%，未加入合作社农户占样本农户的 58.2%。

4.1.3.7 社会地位方面

是村干部的占样本农户的 16.7%，普通农户占样本农户的 83.3%。

4.1.3.8 社会关系方面

家庭成员或亲戚在连队工作或是村委干部的占样本农户的 25.5%，普通农户占样本农户的 74.5%。

4.1.3.9 户主方面

样本农户中是户主的占 51.8%，非户主占 48.2%。

4.1.3.10 种植地区方面

样本分布较为均匀。棉花种植地区在兵团的占样本农户的 56.0%，自治区的占样本农户的 44.0%。

4.1.3.11 家庭劳动力数量方面

样本农户中从事棉花种植的劳动力数量以 1 人到 2 人居多，占到样本农户的 92.2%。其中，从事棉花种植劳动力数量 1 人的占样本农户的

48.2%，2 人的占样本农户的 44.0%，3 人的占样本农户的 6.3%，4 人的占样本农户的 1.0%，5 人的占样本农户的 0.5%。

4.1.3.12 家庭总收入方面

2019 年的家庭总收入在 0~5 万的占样本农户的 34.4%，5 万~10 万元的占样本农户的 16.2%，10 万~15 万元的占样本农户的 34.0%，15 万~20 万元的占样本农户的 7.9%，20 万元以上的占样本农户的 7.5%。由此可见，农村家庭收入水平差距还是较大。

4.1.3.13 种植经验方面

从事棉花种植行业 0~5 年的农户占样本农户的 32.0%，5~10 年的占样本农户的 21.1%，10~20 年的占样本农户的 28.6%，20~30 年的占样本农户的 10.2%，30 年以上的占样本农户的 8.1%。

4.1.3.14 种植面积方面

棉花种植面积为 0~30 亩的占样本农户的 28.7%，30~50 亩的占样本农户的 20.3%，50~80 亩的占样本农户的 5.9%，80~100 亩的占样本农户的 33.8%，100 亩以上的占样本农户的 11.2%。

4.2 农户对绿色农业技术的认知

4.2.1 农户对生态环境和农业经济的认知情况

在实地调查过程中，通过询问农户"您认为保护生态环境和发展农业经济哪个更重要"，得到样本区域农户的认知情况如表 4-2 所示。在全部样本中认为生态环境重要的占样本农户的 29.5%，认为农业经济重要的占样本农户的 26.2%，认为同等重要的占样本农户的 44.3%。

表 4-2　农户对保护生态环境和发展农业经济的认知情况

认知类别	生态环境	农业经济	同等重要
全部	255（29.5%）	226（26.2%）	382（44.3%）

注：括号里为占比。下同。

4.2.2　农户绿色农业技术的认知情况

在实地调查过程中，通过询问农户"您是否了解以下绿色农业技术"来测度农户对绿色农业技术的认知广度。若回答"是"，则赋值 1；若回答"否"，则赋值 0。从图 4-1 可以看出，农户对技术了解的平均分均没有超过 0.50，说明绿色农业技术宣传力度和推广程度并不理想。按照农户对绿色农业技术了解平均分进行排序，病虫害绿色防控技术＝膜下滴灌技术＞保护性耕作技术＞测土配方施肥技术＞生物有机肥施用技术＞科学施药技术＞地膜回收技术＞干播湿出技术。

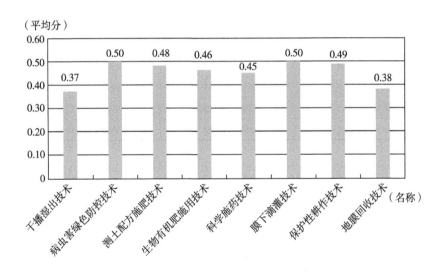

图 4-1　农户绿色农业技术的认知广度

在实地调查过程中，通过询问农户"您认为绿色农业技术可以增加农业收入""您认为绿色农业技术可以改善生态环境""您认为绿色农业技术有利于农业农村发展"3 个问题,来测度农户对绿色农业技术经济价值认知、生态价值认知和社会价值认知。由表 4-3 可知,样本农户对绿色农业技术的经济价值认知中,比较赞同(39.2%)>不确定(29.8%)>非常赞同(19.2%)>不太赞同(7.6%)>非常不赞同(4.2%)。样本农户对绿色农业技术的生态价值认知中,比较赞同(45.2%)>非常赞同(24.2%)>不确定(16.8%)>非常不赞同(7.1%)>不太赞同(6.7%)。样本农户对绿色农业技术的社会价值认知中,比较赞同(36.0%)>不确定(29.4%)>非常赞同(22.5%)>不太赞同(7.4%)>非常不赞同(4.6%)。在经济价值认知、生态价值认知和社会价值认知中,非常不赞同、不太赞同和不确定的合计占比分别为15.9%、21.7%、76.0%,接近或超过了样本农户的 1/3。说明政府在致力于推广绿色农业技术方面有一定的成效,但农户对绿色农业技术的价值认知程度并不如预期高。

表 4-3　农户对绿色农业技术价值认知情况

价值类型	非常不赞同	不太赞同	不确定	比较赞同	非常赞同
经济价值认知	36(4.2%)	66(7.6%)	257(29.8%)	338(39.2%)	166(19.2%)
生态价值认知	61(7.1%)	58(6.7%)	145(16.8%)	390(45.2%)	209(24.2%)
社会价值认知	40(4.6%)	64(7.4%)	254(29.4%)	311(36.0%)	194(22.5%)

4.2.3　样本区域政府对绿色农业技术的支持情况

在实地调查过程中,通过询问农户"您认为政府对绿色农业技术的宣传推广力度如何""您认为政府对不采纳绿色农业技术的监督惩罚力度如何""您认为政府对绿色农业技术的奖励补贴力度如何"3 个问题,来测度农户对引导规制、约束规制和激励规制绿色农业技术力度的认知情况。由表 4-4 可知,农户对绿色农业技术的引导规制力度认知中,比较大(41.5%)>一般(20.3%)>比较小(18.5%)>非常大(15.5%)>

非常小（4.2%）。农户对绿色农业技术的约束规制力度认知中，比较大（40.1%）>一般（19.7%）>比较小（18.1%）>非常大（16.6%）>非常小（5.6%）。农户对绿色农业技术的激励规制力度认知中，比较大（37.2%）>一般（25.1%）>非常大（16.5%）>比较小（14.4%）>非常小（6.8%）。在引导规制、约束规制和激励规制认知中，非常小、比较小和一般的合计占比分别为43.0%、43.4%、46.3%，接近样本农户的一半，说明政府规制的力度还有待提高。

表4-4 绿色农业技术政府的支持情况

价值类型	非常小	比较小	一般	比较大	非常大
引导规制	36（4.2%）	160（18.5%）	175（20.3%）	358（41.5%）	134（15.5%）
约束规制	48（5.6%）	156（18.1%）	170（19.7%）	346（40.1%）	143（16.6%）
激励规制	59（6.8%）	124（14.4%）	217（25.1%）	321（37.2%）	142（16.5%）

农户受自身资源禀赋限制，时常面临技术操作不熟练、生产要素支撑不足、市场经营能力欠缺、发展理念不足等问题，在绿色农业技术采纳的各个环节都容易形成壁垒。绿色农业技术采纳行为实际上是一种环境保护行为，具有典型的外部性，如果没有外部政策措施的激励，农户主动进行技术采纳的可能性将会大大降低，因此依靠政府推动绿色农业技术推广实施，是当下乃至今后消除壁垒的最佳方式。

4.2.4 样本农户获取农业信息及服务的主要渠道

4.2.4.1 农业信息获取渠道和农业问题咨询对象

由表4-5可知，样本农户农业信息获取渠道主要依托连队或村委干部的占49.0%，依托电脑、电视等媒体的占45.5%，依托技术人员（科技特派员等）的占39.6%，亲戚好友的占33.3%，其他村民职工的占33.1%，企业技术服务的占18.3%。样本农户在棉花种植过程中遇到问题时优先咨询连队或村委干部的占39.9%，村民职工的占35.1%，技术人员的占 27.9%，亲戚好友的占 22.2%，企业服务人员（科技特派员等）的占 13.2%。由此可见，连队和村干部在农户农业信息获取渠道和农业问题咨询方面所占分量相当重。由于农户受自身文化素质不高，对农业信息的信息获取能力不强，应用处理能力不足，解决农业问题的知识水平不够等问题，在利用有限信息资源调整农业生产经营方式的主动性和积极性不高，制约了农业信息的传播和应用，也影响了农业技术的推广和应用。而连队或村干部具有一定的政治关系网络和文化知识素养，且具有一定的专业能力水平，同时具有优先获取信息能力的优势，加之农户对其信任，因此农户在农业信息获取方面更多依赖连队或村干部，在遇到农业问题时也优先咨询他们。

表 4-5　农户农业信息获取渠道和农业问题咨询对象

指标	电视、电脑等媒体	连队或村委干部	其他村民职工	亲戚好友	技术人员（科技特派员等）	企业技术服务
农业信息获取渠道	393（45.5%）	423（49.0%）	286（33.1%）	287（33.3%）	342（39.6%）	158（18.3%）
农业问题咨询对象	—	344（39.9%）	303（35.1%）	192（22.2%）	241（27.9%）	114（13.2%）

4.2.4.2　合作社提供的服务情况

由表 4-6 可知，样本农户加入合作社后主要提供的服务类型中，种子、化肥、农药等农资购置占 39.9%，播种、中耕、收获等农机服务占32.7%，农业技术培训指导占 29.1%，农产品销售占 25.7%，农产品储藏占 21.8%，农产品运输占 20.4%。在一些连队棉农种植技术较为落后，农户技术水平参差不齐，无法保证棉花的提质增量。春季播种前，合作社实行大宗农资集中采购，社员能够以比当地市场价优惠的价格购买棉花种子以及肥料。合作社还为种植户提供科学的水肥管理方案和棉花病虫害管理方案等，从而提高了棉花种植的综合管理水平，提升了棉花产量和品质，增强了棉农的抗风险能力，最终增加了经济收入。

表 4-6　合作社提供的服务类型

合作社服务类型	种子、化肥、农药等农资购置	播种、中耕、收获等农机服务	农产品运输	农产品储藏	农产品销售	农业技术培训指导
全部样本	344（39.9%）	282（32.7%）	176（20.4%）	188（21.8%）	222（25.7%）	251（29.1%）

4.3　农户绿色农业技术采纳情况的统计分析

4.3.1　农户绿色农业技术采纳意愿统计分析

考虑到农户的实际情况，在实地调查过程中，通过询问农户"您对绿色农业技术的采纳意愿如何""您向他人推荐绿色农业技术的意愿如何""如果效果良好，您重复使用此项绿色农业技术意愿如何""您持续关注绿色农业技术发展意愿如何"4 个问题来测度农户绿色农业技术的采纳意愿。由表 4-7 可知，农户绿色农业技术采纳意愿中，比较愿意（42.4%）＞非常愿意（32.2%）＞不确定（21.8%）＞不太愿意（3.2%）＞非常不愿意（0.3%）。农户向他人推荐绿色农业技术意愿中，比较愿意（48.2%）＞非常愿意（26.7%）＞不确定（20.3%）＞不太愿意（4.4%）＞非常不愿意（0.5%）。农户重复使用此项绿色农业技术的意愿中，比较愿意（41.4%）＞非常愿意（38.5%）＞不确定（18.7%）＞不太愿意（1.4%）＞非常不愿意（0.1%）。农户持续关注绿色农业技术发展的意愿中，比较愿意（47.5%）＞非常愿意（34.9%）＞不确定（15.4%）＞不太愿意（2.1%）＞非常不愿意（0.1%）。整体来看，农户绿色农业技术采纳意愿较高，但在采纳意愿、推荐意愿、重复使用意愿和持续关注意愿中，非常小、比较小和一般的合计占比分别为 25.3%、25.2%、20.2%、17.6%，可见还是有部分农户不倾向于采纳绿色农业技术。

表4-7 农户绿色农业技术采纳意愿

价值类型	非常不愿意	不太愿意	不确定	比较愿意	非常愿意
采纳意愿	3（0.3%）	28（3.2%）	188（21.8%）	366（42.4%）	278（32.2%）
推荐意愿	4（0.5%）	38（4.4%）	175（20.3%）	416（48.2%）	230（26.7%）
重复使用意愿	1（0.1%）	12（1.4%）	161（18.7%）	357（41.4%）	332（38.5%）
持续关注意愿	1（0.1%）	18（2.1%）	133（15.4%）	410（47.5%）	301（34.9%）

通过调研了解到，农户不愿意采纳绿色农业技术的原因：一是农户的文化水平低导致接受新技术的能力有限，认为新技术在学习使用和操作过程中有一定的难度，产生了畏惧心理。二是农户认为技术和经济效益不成正比，农户更关心的是技术带来的收益，出于成本收益考量新技术可能需要投入更多的成本，因此采纳意愿不高。三是很多农业技术没有切实的技术信息支撑，导致农户无法直观感受到技术效果。例如，调研过程中发现的一个严重问题，就是农户在听农技人员讲解时，这些技术所带来的效果不明确，或者说没有确实的技术资料支撑。这些技术对于产生的效果的描述，一般都是"大概"，这种浮动很大的词汇不应该用到技术领域。因为很多的农业技术属于实验科学，相同或是相近的自然条件我们运用相同的技术，是可以得到确切的结果的。而如果我们的技术结果存在很大的不确定性，农户的接受性就会很低。四是政府在某些支持方面存在缺失，导致农户对绿色农业技术带来的经济效益和生态环境外部性认识不足，在缺乏激励措施的条件下，农户的采纳意愿将会受到影响。

4.3.2 农户绿色农业技术采纳行为实施情况

在实地调查过程中，通过询问农户对干播湿出技术、病虫害绿色防控技术、测土配方施肥技术、生物有机肥施用技术、科学施药技术、膜下滴灌技术、地膜回收技术和保护性耕作技术的采纳程度，来度量农户绿色农业技术采纳行为。由图4-2可知，在新疆棉花种植过程中，测土配方施肥技术、生物有机肥施用技术和干播湿出技术的采纳程度较低；病虫害绿色防控技术和科学施药技术采纳程度适中；保护性耕作技术、膜下滴灌技术和地膜回收技术采纳程度较高。结合对农户、农业技术推广人员及村干部的调研访谈分析，新疆棉花种植农户采纳 8 种绿色技术程度的具体情况如下：

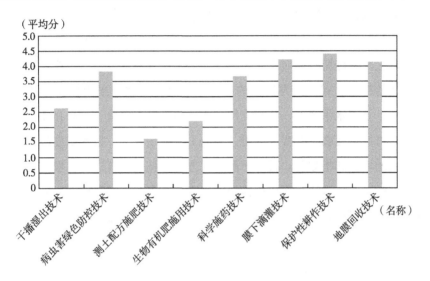

图 4-2　农户绿色农业技术的采纳程度

4.3.2.1　干播湿出技术采纳程度的平均值为 2.63

干播湿出技术是随着滴灌技术的推广应运而生的一项播种灌溉保苗技术。新疆的大部分地区都处于干旱的气候和环境条件中，棉花种植需要大量的水源供应，而干播湿出技术相对于传统灌溉技术需要更多的水源供应，需要增加大量的灌溉和土壤管理成本，这会增加农民的经济压力，而且由于灌溉和土壤管理困难，干播湿出技术的实际效果可能无法达到预期，这也增加了农民的风险。且干播湿出也要求一定的实施条件才能满足，目前该技术在北疆得到了全面的推广，但在南疆推广不到 10%。

4.3.2.2　病虫害绿色防控技术采纳程度的平均值为 3.82

病虫害绿色防控技术需要专业的技术支持，如生物防治、药剂减量使用、土壤管理等方面的技术。政府设立了农业技术推广服务中心、农业科技示范区等组织，为农民提供技术支持和培训，帮助农民掌握病虫害绿色防控技术，提高技术应用水平。同时，政府为农民提供各种培训和普及活动，提高了农民的知识水平。行业协会和企业在推广病虫害绿色防控技术方面发挥了积极作用，提高了技术应用水平和推广效果。此外，通过合理定价和市场推广，吸引了更多农民采用病虫害绿色防控技术。

4.3.2.3 测土配方施肥技术采纳程度的平均值为 1.61

测土配方施肥技术对于农户来说是一个比较新的技术，农户可能习惯于传统的施肥方式，认为自己的经验已经足够，缺乏采用新技术的积极性。由于技术水平较低，技术支持和服务体系又不完善，农户在使用这种技术时可能会面临一些实际困难，如测土的费用较高、技术难度较大、缺乏相关的培训和指导等。且由于测土配方施肥技术需要进行土壤检测和施肥配方的调整，这往往需要比传统施肥方式更多的时间和精力，同时也意味着更高的成本，如果农户并没有看到实际的经济效益，因此就会对此项技术的采纳程度不高。

4.3.2.4 生物有机肥施用技术采纳程度的平均值为 2.19

新疆地区的干旱气候和高温环境，使得土壤难以保持水分，肥料的施用难以达到最佳效果，从而降低了农户对生物有机肥料的信心。由于生物有机肥料的生产和施用成本较高，农户普遍觉得其价格不如化肥实惠，从而不愿采用。同时缺乏专业的技术支持，农户对于如何使用生物有机肥料、如何搭配施肥、如何管理肥料的不足，也会影响其使用效果。因此，此项技术在新疆棉花种植过程的采纳程度不高。

4.3.2.5 科学施药技术采纳程度的平均值为 3.68

近年来，为了推广科学施药技术，新疆农业部门开展了相关的技术培训和普及活动，向棉农和农技人员传授农药分级施用、农药间隔期等科学施药知识，并推荐使用低毒、高效、环保的农药。省级农业部门成立了棉花病虫害防治服务队，为棉农提供全程技术指导和技术支持，引导农户合理选用农药，确保农药使用安全和环保。针对新疆地区病虫害的特点，共同推进农业生态环境管理，发展生物防治技术，建立病虫害生态监测预警体系，提高生态环境保护能力。推广绿色优质棉花种植。新疆棉花种植业采用科学施药技术取得了显著成效，并得到了广泛推广应用。

4.3.2.6　膜下滴灌技术采纳程度的平均值为 4.23

新疆干旱气候和水资源匮乏的特点决定了该技术的优势。膜下滴灌技术可以将水分和肥料直接送到根部，减少了水分的反复流失和土壤侵蚀，同时也减少了肥料的浪费。这不仅可以提高水和肥料的利用效率，还可以降低环境污染的风险，具有较为显著的经济、社会和生态效益。政府和企业的支持和投入，也为膜下滴灌技术的实施提供了坚实的保障。通过资金投入、技术支持、政策引导等多种方式，推动了膜下滴灌技术在新疆的普及和推广。

4.3.2.7　地膜回收技术采纳程度的平均值为 4.13

在新疆，地膜是种植棉花的必备工具之一。棉田覆盖地膜以后，改变了土壤水分动态，既提墒又保墒，同时改善了土壤生态环境，使土壤保持疏松，土壤微生物活动加强，有机质分解加快。棉花种植业是新疆的重要支柱产业，对地膜的需求量较大，传统的地膜废弃后，难以妥善处理，容易造成环境污染。新疆是中国最早实施地膜回收试点的省市之一，采用地膜回收技术可以将废弃地膜回收再利用，从而避免对环境造成的污染风险，符合可持续发展的要求。因此，在政府的大力支持下，新疆地膜回收技术已普遍适用。

4.3.2.8　保护性耕作技术采纳程度的平均值为 4.41

棉花种植过程中的保护性耕作是对农田实行免耕、少耕及其他措施，尽可能减少土壤耕作，并用作物秸秆、残茬覆盖地表，减少土壤风蚀、水蚀，提高土壤肥力和抗旱能力的一项先进农业耕作方法。近年来，新疆农业部门积极开展保护性耕作技术的宣传推广活动，提高农户对保护性耕作技术的认识和态度。新疆农业部门通过开展技术培训、专家讲座、研讨会等活动，向广大农户和农技人员普及保护性耕作技术，传授保护性耕作的实施方法和操作技巧。同时在农业生产领域大力推进农业科技示范区建设，在新疆的部分地区建设了保护性耕作技术的示范区。推动了保护性耕作技术在新疆棉花种植过程中得到了应用。

4.4 农户绿色农业技术采纳过程中存在的问题

4.4.1 推广技术尚需要政府支持和生产条件满足

实施干播湿出技术的棉田比传统的冬春灌棉田，在节水和生态环境方面都有较大的好处。干播湿出全年可节约用水 90~120 立方米/亩，土壤盐渍化比例可以由 38.4% 下降到 13.5%。但"干播湿出"也要求一定的实施条件才能满足，该技术在北疆得到了全面的推广，但在南疆推广不到 10%。政府的推广支持产生的效果截然不同。一些绿色农业技术需要满足一定的生产条件，才能达到该技术的实施条件。测土配方施肥技术要求对土地进行分析检测，然后根据检测条件进行针对性施肥，需要较高水平的技术，及农户具备相关的知识背景和技能，满足条件较为苛刻，所以该技术采用率实际也不高。

4.4.2 政府规制对推广绿色农业技术具有关键作用

膜下滴灌技术、地膜回收技术因为其政府规制，在宣传推广、制度约束、补贴激励方面产生了较大的作用，该技术得到了广泛的推广。特别是膜下滴灌技术、地膜回收技术这两种技术，政府在推广、厂商在服务、制度在约束，给予了农户较大的政策激励，政府支持使该技术推广较为广泛。而地膜回收技术、科学施药技术、病虫害绿色防控技术采用率相对较高，主要是受政府规制的相关处罚措施约束，要求农户必须采用达到一定的实施标准。然而，虽然农户能做到广泛地膜回收，但土地残膜量依然较高，成为土地重要的污染源。

4.4.3 农户倾向于采纳边际成本低，易于操作、见效快的绿色农业 技术

膜下滴灌技术实施见效较为迅速，政府也支持补贴力度大，因此采用率较高。保护性耕作技术是一个综合技术，农户技术实施门槛较低，而且见效也比较迅速，所以采用率也较高。而测土配方施肥技术、生物有机肥施用技术因其实施边际成本较高，要求条件也高，实施率较低。测土配方技术需要花费一定的时间和费用，包括土壤样品采集、样品分析、配方设计等，很多农户可能不愿意承担这种额外的成本。传统的化肥使用习惯已经深入人心，大多数农户认为化肥可以快速增加棉花产量，并且使用方便，不需要额外的劳动力和时间成本。而且有机肥需要特定的环境和条件才能获得最佳效果，如土壤质地、水分和微生物。然而，在新疆的干旱气候下，土壤质地通常较差，加之缺水，微生物也不容易生存繁殖，这些条件限制了有机肥的施用效果。

综上所述，棉农采纳实施绿色农业技术，还有较大的提升空间。这与农户对绿色农业技术采纳意愿有相出入，农户有较强的意愿采纳绿色农业技术，但是实际采纳绿色农业技术情况并不如意愿采纳得多。

4.5 本章小结

本章介绍了调研数据来源及样本特征，利用农户的微观调研数，对样本区域内农户绿色农业技术认知情况和采纳情况等进行了描述性统计分析。主要结论如下：

第一，有 44.3% 的农户认为生态环境保护和发展农业经济同等重要。农户对 8 种绿色农业技术了解的平均分均没有超过 0.5，说明绿色农业技术宣传力度和推广程度并不理想。按照农户对绿色农业技术了解平均分进

行排序，保护性耕作技术>病虫害绿色防控技术>膜下滴灌技术>地膜回收技术>测土配方施肥技术>干播湿出技术>生物有机肥施用技术>科学施药技术。

第二，农户对绿色农业技术认知水平一般，仍有部分处于观望状态。在经济价值认知、生态价值认知和社会价值认知中，非常不赞同、不太赞同和不确定的合计占比分别为41.6%、30.6%、41.4%，接近或超过了样本农户的1/3。说明政府在致力于推广绿色农业技术方面有一定成效，但农户对绿色农业技术的价值认知程度并没有预期高。

第三，农户对绿色农业技术采纳意愿较高，但仍有部分不确定。在采纳意愿、推荐意愿、重复使用意愿和持续关注意愿中，非常小、比较小和一般的合计占比分别为25.3%、25.2%、20.2%、17.6%，可见还是有部分农户不倾向于采纳绿色农业技术。

第四，在新疆棉花种植过程中，测土配方施肥技术、生物有机肥施用技术和干播湿出技术的采纳程度较低；病虫害绿色防控技术和科学施药技术采纳程度适中；保护性耕作技术、膜下滴灌技术和地膜回收技术采纳程度较高。说明政府规制辐射力度大的技术在实际中采纳程度较高，而边际成本高的技术农户采纳程度较低，农户倾向于采纳边际成本低，易于操作、见效快的绿色农业技术。农户对绿色农业技术的实际采用率还有待提升。

第5章 农户绿色农业技术认知分析

　　棉花种植农户绿色农业技术采纳行为涵盖了技术认知、技术采纳意愿、技术采纳行为以及政策激励等诸多环节。技术认知作为农户技术采纳行为的首要和早期环节，在诱发我国棉花种植生产结构及组织结构转型中产生了重要的影响。也就是说，农户绿色农业技术采纳意愿和采纳行为是在对该技术认知的基础上进行权衡利弊后的结果。农户作为理性的经济人，其技术采纳行为受到对技术效果、操作难易程度和价值意义等认知的影响（余威震等，2019）。农户对绿色农业技术的认知不仅受到内部因素的影响，如农户的人力资源禀赋、经济资源禀赋和社会资源禀赋等，还受到外部环境的影响，如科研机构、农资企业、政府机关部门的宣传推广、奖励补贴和监督惩罚等。

　　吴雪莲等（2016）从个人特征、家庭特征、技术信息自我诉求以及技术推广服务水平四个方面，分析了影响农户绿色农业技术认知广度和深度的影响因素。刘丽（2020）从经济资源禀赋、自然资源禀赋和社会资源禀赋三个维度探讨了不同类型农户对水土保持耕作技术认知的影响以及差异。黄晓慧（2019）实证分析了农户资本禀赋和政府支持对水土保持技术的增产价值、增收价值和生态价值认知的影响。

　　学者们从不同维度探讨了农户对绿色农业技术的认知，具有一定的借鉴意义。但仍然可以进行以下扩展：在对技术认知的定义和变量选取方面，通常选用认识多少种绿色农业技术或者是对绿色农业技术的了解程度来表征，对认知的多维度分析较为不足。基于此，本章在第4章对微观调研数据的测度基础上，引入人力资源禀赋、经济资源禀赋、社会资源禀赋和政府规制四大因子，采用 Ordered-Probit 模型实证分析农户绿色农业技术经济价值认知、生态价值认知和社会价值认知的影响因素。以期丰富绿色农业技术认知的研究范畴，为绿色农业技术的进一步推广提供科学依据，也为接下来章节进一步分析农户绿色农业技术采纳意愿和采纳行为奠定研究基础。

5.1　理论分析与研究假设

5.1.1　人力资源禀赋对绿色农业技术认知的影响

绿色农业技术的采纳需要农户投入一定的人力、物力和财力，农户在进行生产经营决策时，通常会受到资本禀赋的限制，资本禀赋作为家庭成员和整个家庭所拥有的天然和后天所获得的所有资源和能力，显著影响着个人的行为决策。人力资源禀赋对农户的生产行为方式有着深刻的影响。吴雪莲等（2017）、唐林等（2021）研究表明，文化程度越高的农户，农业生产的专业化水平越高，规模化程度越强，对新技术的了解越深，对技术的认知程度相对较高，也就越有可能采纳新技术。王学婷等（2021）研究发现，户主健康状况越好越倾向于实施绿色生产行为。周力等（2020）的研究表明家庭农业劳动供给越充足，农户越可能采取科学施肥。冯晓龙和霍学喜（2016）研究发现，苹果种植户采用新技术的积极性受到种植年限和种植经验的正向影响。基于以上分析，本书提出如下假设：

H5-1：人力资源禀赋对农户绿色农业技术经济价值认知有显著正向影响。

H5-2：人力资源禀赋对农户绿色农业技术生态价值认知有显著正向影响。

H5-3：人力资源禀赋对农户绿色农业技术社会价值认知有显著正向影响。

5.1.2　经济资源禀赋对绿色农业技术认知的影响

绿色农业技术的实施需要农户具备一定的经济实力和承担风险的能力，经济资源禀赋较为丰富的农户可能更有实力采纳绿色农业技术。熊鹰和何鹏（2020）研究表明，种植面积较大的农户由于容易获得技术采纳的规模经济效益，因此更倾向于采纳绿色防控技术。顾廷武等（2016）研究表明，家庭收入水平越高，对作物资源化利用的生态福利认同感越高。当高收入农户家庭的非农收入占比较高时，农户会投入更多的时间和精力到非农经济活动，对农业生产新技术的关注度也会相应降低。李莎莎等（2015）的研究表明，农户的家庭收入水平偏高，反而对测土配方施肥技术的认知程度偏低。罗明忠等（2022）指出非农就业经历是农户通过积累知识、经验或者技能影响其生产和生活行为决策的财富和资本。基于以上分析，本书提出如下假设：

H5-4：经济资源禀赋对农户绿色农业技术经济价值认知有显著影响，方向不确定。

H5-5：经济资源禀赋对农户绿色农业技术生态价值认知有显著影响，方向不确定。

H5-6：经济资源禀赋对农户绿色农业技术社会价值认知有显著影响，方向不确定。

5.1.3　社会资源禀赋对绿色农业技术认知的影响

社会资本是嵌入社会的一种运行机制，在人的行为决策和资源配置中发挥着重要作用。农村是一个以亲缘和地缘为基础的"熟人社会"，因此社会资源是影响农户技术认知、采纳意愿和采纳行为的重要因素。社会资源可以通过分散技术风险、传递技术信息和发挥示范作用来促进农户打破现有资源限制的瓶颈，从而弥补政府和市场在技术推广中的不足。社会网络关系通过促进农户的交流学习，长期影响着农户对保护性耕作技术的采纳（余志刚等，2022）。社会网络关系越强，农户就能更为全面快捷地获取相关知识和技术信息，对技术的价值认知也越全面。薛彩霞（2022）的研究表明，党员、村干部身份的农户通过"传、帮、带"的方式带动了非社会地位农户对绿色生产技术的认知和采纳。陈强强等（2020）的研究表明，家庭成员是否担任村干部对秸秆饲料化利用具有正向影响。徐清华和张广胜（2022）的研究表明，加入合作社有助于农户采纳化肥、农药、灌溉方式等农业新技术，通过提高技术可及性和议价能力还可以降低采纳新技术的技术壁垒和经济壁垒。加入合作社的农户在一定程度上扩宽了交流学习的层面，开阔了视野也丰富了信息获取渠道，因此提高了学习认知新技术的主动性和积极性。基于以上分析，本书提出如下假设：

H5-7：社会资源禀赋对农户绿色农业技术经济价值认知有显著正向影响。

H5-8：社会资源禀赋对农户绿色农业技术生态价值认知有显著正向影响。

H5-9：社会资源禀赋对农户绿色农业技术社会价值认知有显著正向影响。

5.1.4 政府规制对绿色农业技术认知的影响

环境问题是典型的外部性问题，如果采纳绿色农业技术的成本远远大于技术产生的直接效益，那么农户将缺乏技术采纳的动力。因此，需要政府部门的规制去刺激约束和引导农户绿色农业技术采纳行为。政府规制是政府采取规制手段调节农户经济行为，以协调经济发展与环境保护之间的关系，可以分为引导规制、约束规制和激励规制（罗岚等，2021）。叶琴丽等（2014）指出，政府补贴力度显著正向影响农民共生认知。黄腾等（2018）的研究表明，农户享受过政府资金支持节水技术政策，对节水灌溉技术的认知水平更高。李芬妮等（2019）的研究表明，政府采取的环境保护、环境治理宣传教育等引导规制措施，可增强农户对绿色生产行为的认知。黄晓慧等（2019）指出政府通过加强对农户水土保持技术的宣传推广引导和财政补贴力度，提高了农户对技术基本原理和作用功效的更深层次认知。政府不仅是农业生产活动的组织者还是农业技术的推广者，通过政府宣传指导培训等引导规制，可以提升农户对农业信息的获取能力，提高农户对农业技术的认知。通过约束规制可以规范农户的生产经营行为，也能够反方向了解和纠正农户在认知和行为上可能存在的偏差。通过激励规制能够促进农民发展农业的积极性，保证农产品质量。基于以上分析，本书提出如下假设：

H5-10：引导规制对农户绿色农业技术经济价值认知有显著正向影响。

H5-11：约束规制对农户绿色农业技术生态价值认知有显著正向影响。

H5-12：激励规制对农户绿色农业技术社会价值认知有显著正向影响。

为验证以上研究假设，本书构建了包括人力资源禀赋、经济资源禀赋、社会资源禀赋和政府规制在内的四大因子对农户绿色农业技术认知的影响因素模型，具体理论框架如图5-1所示。

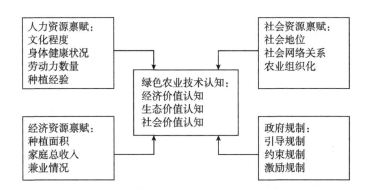

图5-1 农户绿色农业技术认知的理论框架

5.2 变量设定与研究方法

5.2.1 变量设定

5.2.1.1 被解释变量

本章以农户对绿色农业技术的价值认知作为被解释变量，具体包括棉花种植农户对绿色农业技术所带来的经济价值认知、生态价值认知和社会价值认知。通过询问农户"您认为绿色农业技术可以增加农业收入吗""您认为绿色农业技术可以改善生态环境""您认为绿色农业技术有利于农业农村发展"3个问题来表征农户对绿色农业技术的价值认知。选项从"非常不赞同"到"非常赞同"，分别赋值1、2、3、4、5。被解释变量的具体说明及赋值如表5-1所示。

5.2.1.2 解释变量

农户的认知和生产决策行为除了受到内生动力资源禀赋的约束，还受到外部环境政府规制的影响。资源禀赋是指农户所拥有的资源情况。刘可等（2019）的研究表明，农户生态生产行为的实施受到资源禀赋水平不足和结构不合理等因素的制约。参考黄晓慧（2019）、刘丽（2020）等相关研究，本书选取人力资源禀赋、经济资源禀赋、社会资源禀赋3个变量来衡量农户的资源禀赋。其中，人力资源禀赋包括农户的文化程度、身体健康状况、家中劳动力数量、种植经验4个指标；经济资源禀赋包括农地种植面积、家庭总收入、兼业情况3个指标；社会资源禀赋包括农户的社会地位、社会网络关系、农业组织化3个指标。政府规制包括引导规制、约束规制、激励规制3个指标，通过"您认为政府对绿色农业技术的宣传推广力度如何""您认为政府对不采纳绿色农业技术的监督惩罚力度如何""您认为政府对绿色农业技术的奖励补贴力度如何"3个问题来衡量，选项从"非常小"到"非常大"，分别赋值 1~5。解释变量的具体说明及赋值如表 5-1 所示。

表 5-1 农户绿色技术认知的变量设定与描述性统计

变量类型		名称	变量说明及赋值	均值	标准差
被解释变量		经济价值认知	您认为绿色农业技术可以增加农业收入 完全不赞同=1，比较不赞同=2，一般=3，比较赞同=4，完全赞同=5	3.616	1.013
		生态价值认知	您认为绿色农业技术可以改善生态环境（同上）	3.728	1.115
		社会价值认知	您认为绿色农业技术有利于农业农村发展（同上）	3.643	1.052
解释变量	人力资源禀赋	文化程度	没上过学=1，小学=2，初中=3，高中/中专=4，大专及以上=5	3.560	1.124
		身体健康状况	差=1，较差=2，一般=3，较好=4，很好=5	3.960	1.119
		劳动力数量	家庭棉花种植人数 1人=1，2人=2，3人=3，4人=4，5人=5	1.615	0.693
		种植经验	从事棉花种植的年限 0~5年=1，5~10年=2，10~15年=3，15~20年=4，20年以上=5	2.414	1.255
	经济资源禀赋	种植面积	农户实际耕种面积 0~30亩=1，30~50亩=2，50~80亩=3，80~100亩=4，100亩以上=5	2.871	1.415
		家庭总收入	家庭年总收入 0~5万=1，5万~10万=2，10万~15万=3，15万~20万=4，20万以上=5	2.379	1.239
		兼业情况	是否兼业 是=1，否=0	0.440	0.497
	社会资源禀赋	社会地位	在本村（连队）的社会地位 担任管理工作=1，未担任管理工作=0	0.170	0.373
		社会网络关系	家庭成员或亲戚是否担任管理工作 是=1，否=0	0.250	0.436
		农业组织化	是否加入合作社 是=1，否=0	0.420	0.494
	政府规制	引导规制	您认为政府对绿色农业技术的宣传推广力度如何 非常小=1，比较小=2，一般=3，比较大=4，非常大=5	3.457	1.087
		约束规制	您认为政府对不采纳绿色农业技术的监督惩罚力度如何（同上）	3.440	1.129
		激励规制	您认为政府对绿色农业技术的奖励补贴力度如何（同上）	3.420	1.128

续表

变量类型	名称	变量说明及赋值	均值	标准差
控制变量	性别	男=1，女=2	1.340	0.475
	年龄	18岁以下=1，18~35岁=2，36~45岁=3，46~55岁=4，55岁以上=5	2.860	1.060
	地区虚拟变量	种植地是否在兵团 是=1，否=0	0.560	0.497

5.2.1.3 控制变量

农户认知是受多方面影响的结果，为了控制其他变量的影响，本文选取性别、年龄作为控制变量，变量的描述性统计见表5-1。此外，考虑到区域差异，还引入了地区虚拟变量：是否在兵团，以控制地区差异。

由于人力资源禀赋、经济资源禀赋和社会资源禀赋中各项指标的含义和内容存在差异，而熵值法是一种多准则决策方法，用于在多个因素或准则中对决策对象的不同方案进行综合评价和排序，可有效降低人为因素的干扰。利用信息熵可以计算出各个指标的权重，为多指标综合评价提供依据。本书根据指标体系中农户资源禀赋水平和各个维度的禀赋状况以及政府规制情况，结合数据特征和研究设计，利用熵值法对相关变量指标进行标准化处理，计算各个指标权重，从而确定人力资源禀赋、经济资源禀赋、社会资源禀赋和政府规制的水平。

从表5-2可以看出，文化程度、身体健康状况、劳动力数量、种植经验的权重值分别是0.174、0.143、0.263、0.420，各指标之间的权重相对较为均匀，均在0.250附近。种植面积、家庭总收入、兼业情况的权重值分别是0.128、0.134、0.738，各指标之间的权重有一定的差异，其中兼业情况的权重最高为0.738，种植面积分组的权重最低为0.128。社会地位、社会网络关系、农业组织化的权重值分别是0.432、0.343、0.225，各指标之间的权重相对较为均匀，均在0.333附近。引导规制、约束规制、激励规制的权重值分别是0.311、0.342、0.347，各指标之间的权重相对较为均匀，均在0.333附近。个人资源禀赋、经济资源禀赋、社会资源禀赋、政府规制的权重值分别是 0.032、0.131、0.736、0.101，各指标之间的权重有一定的差异，其中社会资源禀赋的权重最高为 0.736，人力资源禀赋的权重最低为 0.032。

表 5-2 资源禀赋、政府规制权重结果

指标类型	权重系数 w（%）	测量指标	信息熵值 e	信息效用值 d	权重系数 w（%）
人力资源禀赋	3.24	文化程度	0.9917	0.0083	17.39
		身体健康状况	0.9932	0.0068	14.34
		劳动力数量	0.9874	0.0126	26.31
		种植经验	0.9800	0.0200	41.96
经济资源禀赋	13.09	种植面积	0.9806	0.0194	12.83
		家庭总收入	0.9798	0.0202	13.40
		兼业情况	0.8887	0.1113	73.77
社会资源禀赋	73.59	社会地位	0.7744	0.2256	43.22
		社会网络关系	0.8212	0.1788	34.25
		农业组织化	0.8824	0.1176	22.54
政府规制	10.08	引导规制	0.9919	0.0081	31.10
		约束规制	0.9912	0.0088	34.17
		激励规制	0.9910	0.0090	34.72

从各维度资源禀赋和政府规制的平均值可以看出，样本农户的社会资源禀赋水平较低，人力资源禀赋和经济资源禀赋水平适中，政府规制水平相对较高（见表 5-3）。四个指标的均值大小顺序依次为：人力资源禀赋（2.624）>经济资源禀赋（1.018）>政府规制（0.580）>社会资源禀赋（0.264）。从差异情况来看，政府规制差异较小，其次是社会资源禀赋和经济资源禀赋差异，人力资源禀赋差异较大。四个指标的标准差大小顺序依次为：人力资源禀赋（0.582）>经济资源禀赋（0.439）>社会资源禀赋（0.266）>政府规制（0.229）。

表 5-3 各维度资源禀赋和政府规制统计特征

指标类型	平均值	标准差
人力资源禀赋	2.624	0.582
文化程度	3.559	1.124

续表

指标类型	平均值	标准差
身体健康状况	3.958	1.119
劳动力数量	1.615	0.693
种植经验	2.414	1.255
经济资源禀赋	1.018	0.439
种植面积	2.871	1.415
家庭总收入	2.379	1.239
兼业情况	0.439	0.497
社会资源禀赋	0.264	0.266
社会地位	0.167	0.373
社会网络关系	0.255	0.436
农业组织化	0.418	0.494
政府规制	0.580	0.229
引导规制	3.457	1.087
约束规制	3.440	1.129
激励规制	3.421	1.128

5.2.2 研究方法

5.2.2.1 熵值法计算权重

在对农户资源禀赋进行测度时，由于测量指标的计量单位以及数量级存在一定的差异性，这就导致各指标不能进行简单的直接加总，而要对资源禀赋各个表征指标进行无量纲化处理。

首先，在进行熵值法之前，对数据进行正向或逆向化处理，构建标准化矩阵。

$$X = (x_{ij}) \tag{5-1}$$

式中，x_{ij} 为第 i 个农户资源禀赋的第 j 个指标的观测值标准化形式。

其次，利用标准化矩阵生成新矩阵 $B = (b_{ij})$，新矩阵与原矩阵的关系为：

$$B = \frac{x_{ij}}{\sum_{i=1}^{m} x_{ij}} \tag{5-2}$$

再次，计算信息熵和信息效应评价值，求出第 j 个指标的信息熵 e_j 和信息效应评价值 d_j：

$$e_j = -\left(\frac{1}{\ln n}\right) \sum_{i=1}^{m} b_{ij} \ln(b_{ij}), \quad d_j = 1 - e_j \tag{5-3}$$

又次，计算各指标的权重：

$$w_j = \frac{d_j}{\sum_{j=1}^{n} d_j} \tag{5-4}$$

最后，计算各个维度的综合得分：

$$v_j = \sum_{j=1}^{n} w_j x_{ij} \tag{5-5}$$

5.2.2.2　基准回归模型

鉴于本章被解释变量农户绿色农业技术价值采用李克特五级量表进行赋值，具有离散且有序的特点，故选择 Ordered-Probit 回归模型来进行结果估计，设定模型如下：

$$y_i^* = \alpha_i X_i + x_i \beta_i + \varepsilon_i \tag{5-6}$$

式中，y_i^* 为被解释变量，表示农户绿色农业技术价值认知；X_i 为核心解释变量，表示影响农户绿色农业技术认知的各个因素，这里表示人力资源禀赋、经济资源禀赋、社会资源禀赋和政府规制；α_i 表示其对应的回归系数；x_i 表示影响绿色农业技术认知控制变量（如文化程度、身体健康状况等）；β_i 表示其对应的回归系数矩阵；ε_i 表示第 i 个农户的随机扰动项且服从正态分布。

设待估参数 γ_i，且 $\gamma_1 < \gamma_2 < \gamma_3 < \gamma_4 < \gamma_5$，并定义被解释变量（农户绿色农业技术认知）的选择标准为：

$$y = \begin{cases} 1, & y^* \leqslant \gamma_1 \\ 2, & \gamma_1 \leqslant y^* \leqslant \gamma_2 \\ 3, & \gamma_2 \leqslant y^* \leqslant \gamma_3 \\ 4, & \gamma_3 \leqslant y^* \leqslant \gamma_4 \\ 5, & y^* \geqslant \gamma_5 \end{cases} \tag{5-7}$$

根据模型采用极大似然法得到 MLE 估计量，得到 Ordered – Probit 模型。

5.3 实证结果分析

5.3.1 多重共线性检验

在线性回归模型中，解释变量之间由于存在较强的线性关系而导致模型估计失真或模型稳定性和准确性降低，则认为该模型存在多重共线性。多重共线性会导致模型参数估计不准确，经济含义不合理，变量的显著性检验失去意义，模型的预测功能失效。为避免相关变量之间存在多重共线性而导致结果的不准确性，本书选用容差（Tolerance）和方差膨胀因子（Variance Inflation Factor，VIF）作为检测统计量，容差越小、VIF 值越大，说明共线性越强。一般认为，容差小于 0.1 或者 VIF 值大于 10 时，自变量之间存在严重的共线性。表 5–4 结果显示，容差最小值为 0.667，VIF 最大值为 1.499，均在合理范围内，说明不存在严重的共线性问题，可以进行回归分析。

表 5-4 资源禀赋、政府规制对农户绿色农业技术经济价值认知的影响

模型	共线性统计量	
	容差	VIF
文化程度	0.889	1.125
身体健康状况	0.702	1.424
劳动力数量	0.872	1.146
种植经验	0.846	1.182
种植面积	0.704	1.421
家庭总收入	0.830	1.205

续表

模型	共线性统计量	
	容差	VIF
兼业情况	0.930	1.075
社会地位	0.809	1.236
社会网络关系	0.919	1.088
农业组织化	0.918	1.090
引导规制	0.777	1.287
约束规制	0.667	1.499
激励规制	0.693	1.442

5.3.2 农户绿色农业技术认知情况

本章运用 SPSS 24.0 统计软件，利用 Ordered-Probit 计量实证模型分别探讨人力资源禀赋、经济资源禀赋、社会资源禀赋、政府规制对农户绿色农业技术经济价值认知、生态价值认知和社会价值认知的影响效应。表5-5、表5-6、表5-7 中的模型 1 分别考察人力资源禀赋、经济资源禀赋、社会资源禀赋、政府规制 4 个一级指标对农户绿色农业技术经济价值、生态价值和社会价值的认知影响；模型 2 分别考察了文化程度、身体健康状况、劳动力数量、种植经验、种植面积、家庭总收入、兼业情况、社会地位、社会网络关系和农业组织化 13 个二级指标对农户绿色农业技术经济价值、生态价值和社会价值的认知影响。

表 5-5 资源禀赋、政府规制对农户绿色农业技术经济价值认知的影响

变量	模型 1	模型 2
人力资源禀赋	0.033 * （0.071）	
文化程度		0.084 ** （0.040）
身体健康状况		0.044（0.036）
劳动力数量		0.001（0.058）
种植经验		-0.071 * （0.038）

变量	模型1	模型2
经济资源禀赋	0.028（0.087）	
种植面积		−0.029（0.032）
家庭总收入		−0.039（0.034）
兼业情况		0.191**（0.079）
社会资源禀赋	0.568***（0.151）	
社会地位		0.252**（0.112）
社会网络关系		0.100*（0.089）
农业组织化		−0.118（0.079）
政府规制	0.747***（0.051）	
引导规制		0.268***（0.039）
约束规制		0.345***（0.038）
激励规制		0.130***（0.050）
控制变量		
性别	−0.206**（0.081）	−0.179***（0.082）
年龄	−0.021（0.038）	0.074（0.046）
地区虚拟变量	−0.081*（0.077）	−0.008（0.079）
样本数量	863	863
卡方值	277.341	350.967
P值	0.000	0.000
McFadden R^2	0.117	0.148

注：括号内为t值；*、**、***分别表示在10%、5%、1%的统计水平上显著。下同。

表5-6 资源禀赋、政府规制对农户绿色农业技术生态价值认知的影响

变量	模型1	模型2
人力资源禀赋	0.205***（0.073）	
文化程度		0.197***（0.041）
身体健康状况		0.004（0.036）
劳动力数量		0.091（0.059）
种植经验		−0.030（0.038）

变量	模型 1	模型 2
经济资源禀赋	0.307*** （0.089）	
种植面积		-0.038（0.033）
家庭总收入		-0.072** （0.034）
兼业情况		0.136* （0.080）
社会资源禀赋	0.443*** （0.153）	
社会地位		0.476*** （0.114）
社会网络关系		0.170* （0.091）
农业组织化		-0.022（0.080）
政府规制	0.590*** （0.082）	
引导规制		0.096** （0.039）
约束规制		0.372*** （0.039）
激励规制		0.126*** （0.050）
控制变量		
性别	-0.298*** （0.082）	-0.257*** （0.083）
年龄	-0.061（0.038）	0.049（0.046）
地区虚拟变量	-0.096（0.050）	0.021（0.080）
样本数量	863	863
卡方值	272.955	350.967
P 值	0.000	0.000
McFadden R^2	0.115	0.148

表 5-7　资源禀赋、政府规制对农户绿色农业技术社会价值认知的影响

变量	模型 1	模型 2
人力资源禀赋	0.141** （0.072）	
文化程度		0.180*** （0.040）
身体健康状况		0.053（0.036）
劳动力数量		0.104* （0.059）
种植经验		-0.017（0.038）

续表

变量	模型1	模型2
经济资源禀赋	0.021（0.088）	
种植面积		-0.104*** （0.033）
家庭总收入		-0.029（0.034）
兼业情况		0.287*** （0.080）
社会资源禀赋	0.513*** （0.151）	
社会地位		0.265** （0.113）
社会网络关系		0.103* （0.090）
农业组织化		0.037（0.079）
政府规制	0.723*** （0.051）	
引导规制		0.257*** （0.039）
约束规制		0.321*** （0.038）
激励规制		0.134*** （0.050）
控制变量		
性别	-0.042（0.081）	-0.019（0.082）
年龄	-0.133*** （0.038）	0.001（0.046）
地区虚拟变量	0.050（0.077）	0.174** （0.080）
样本数量	863	863
卡方值	322.526	412.385
P值	0.000	0.000
McFadden R^2	0.134	0.171

5.3.2.1 人力资源禀赋对农户绿色农业技术价值认知的影响

从表5-5到表5-7模型1的回归结果可以看出，人力资源禀赋对农户绿色农业技术经济价值、生态价值和社会价值认知的回归系数分别为0.033、0.205和0.141，且分别在10%、1%和5%的统计水平显著，表明人力资源禀赋显著正向影响农户的经济价值认知、生态价值认知和社会价值认知，H5-1、H5-2和H5-3得到验证。资源禀赋是农户认知的内生驱动力，资源禀赋越高的农户，对绿色农业技术的价值认知越高。

从表 5-5 到表 5-7 模型 2 的回归结果可以看出，文化程度对农户绿色农业技术经济价值、生态价值和社会价值认知的回归系数分别为 0.084、0.197 和 0.180，且分别在 5%、1% 和 1% 的统计水平显著。表明农户的文化程度越高，对绿色农业技术的认知越高。文化程度较高的农户，更愿意尝试新技术和环境友好型技术，对技术的信息获取能力较强，因此对技术的认知可能更高。劳动力数量对农户绿色农业技术的社会价值认知的回归系数为 0.104，且在 10% 的统计水平显著。可能的原因是，家庭劳动力充足的农户有更多的时间和精力投入到知识学习和田间管理上，且家庭收入的主要来源可能是农业生产，所以愿意投入更多、付出更多去经营好土地，对技术的社会价值认知程度更高。种植经验对农户绿色农业技术经济价值认知的回归系数为 -0.071，且在 10% 的统计水平显著。可能的原因是，年龄较大的农户一般不愿意调整现行的农业生产方式，他们更多的是依靠经验进行农业生产活动。而年轻的农户思路较新，勇于尝试新技术，敢于尝试新手段，因此更愿意主动认知新技术。

5.3.2.2 经济资源禀赋对农户绿色农业技术价值认知的影响

从表 5-5 到表 5-7 模型 1 的回归结果可以看出，经济资源禀赋对农户绿色农业技术生态价值认知的回归系数为 0.307，且在 1% 的统计水平显著，表明农户经济资源禀赋显著负向影响农户的生态价值认知，H5-5 得到验证。在对经济价值认知和社会价值认知的影响上没有通过显著性检验，H5-4 和 H5-6 没有通过验证。

从表 5-5 到表 5-7 模型 2 的回归结果可以看出，种植面积对农户绿色农业技术的社会价值认知的回归系数为 -0.104，且在 1% 的统计水平显著，表明农户的种植面积显著负向影响农户对绿色农业技术的社会价值认知。可能的原因是，种植面积越多的农户，更加追求生产经验带来的经济价值，削弱了对农业农村发展的重视程度，因此对绿色农业技术的认知水平较低。家庭总收入对农户绿色农业技术的生态价值认知的回归系数为 -0.072，且在 5% 的统计水平显著。表明家庭总收入显著负向影响农户对绿色农业技术的经济价值认知。可能的原因是，家庭总收入高的农户不仅依靠农业生产，还依靠非农生产获得利益，因此对农业生产带来的经济价值认知并不明显。兼业农户对农户绿色农业技术的经济价值、生态价值和社会价值认知的回归系数分别为 0.191、0.136 和 0.287，且分别在 5%、10% 和 1% 的统计水平显著。说明兼业农户对绿色农业技术的经济价值、生态价值和社会价值的认知高于非兼业农户。可能的原因是，农户的兼业经历不仅可以开阔视野、增长见识、提高认知，还可以促进农户不断学习，自我提升，更新知识结构。且兼业农户可能获得更高的经济收入，经济实力的增强也促进了其思想观念和经营理念的转变，使其更愿意在新技术上增加投入。

5.3.2.3　社会资源禀赋对农户绿色农业技术价值认知的影响

从表5-5到表5-7模型 1 的回归结果可以看出，社会资源禀赋对农户绿色农业技术经济价值、生态价值和社会价值认知的回归系数分别为 0.568、0.443、0.513，且均在 1% 的统计水平显著，表明农户社会资源禀赋显著正向影响农户的经济价值认知、生态价值认知和社会价值认知，H5-7、H5-8 和 H5-9 得到验证。依托地缘优势，借助有管理经历的农户经验和充分发挥社会化组织的优势，不仅能够提高农户对绿色农业技术的价值认知，还能破解因农村劳动力资源稀缺导致的粗放农技实施难题。说明充分发挥正式组织和非正式组织的力量，能够形成更大范围更有影响力的良性互动机制，从而影响农户的认知。

从表5-5到表5-7模型 2 的回归结果可以看出，社会地位对农户绿色农业技术经济价值、生态价值和社会价值认知的回归系数分别为 0.252、0.476 和 0.265，且分别在 5%、1% 和 5% 的统计水平显著。表明在本村（连队）从事管理工作的农户比普通村民农户对绿色农业技术的价值认知高。这与管理人员的知识水平、技术能力、信息获取能力和外部资源环境等密不可分。社会网络关系对农户绿色农业技术经济价值、生态价值和社会价值认知的回归系数分别为 0.100、0.170 和 0.103，且在 10% 的统计水平显著。表明家庭成员或亲戚从事管理工作的对绿色农业技术的价值认知高。可能的原因是，社会地位和社会网络关系在农户认知和采纳绿色农业技术的过程中，发挥了言传和身教的积极作用，由于绿色农业技术的效果短期无法显现，可能影响农户的选择行为，但有管理人员发挥以身作则、躬亲示范的作用，会提高其他农户对技术的可信度，从而提高了技术认知和技术采纳意愿。农村地区亲朋好友邻里关系的频繁互动和交流，营造了一种相互信任的良好环境氛围，这是一种地缘关系网络下的人情文化，正由于这种文化的存在，亲朋好友的辐射带动效应才越发明显。

5.3.2.4　政府规制对农户绿色农业技术价值认知的影响

从表 5-5 到表 5-7 模型 1 的回归结果可以看出，政府规制对农户绿色农业技术经济价值、生态价值和社会价值认知的回归系数分别为 0.747、0.590、0.723，且均在 1% 的统计水平显著，表明政府规制显著正向影响农户的经济价值、生态价值和社会价值认知，H5-10、H5-11 和 H5-12 得到验证。在政府规制对农户绿色农业技术价值认知的影响中：经济价值认知>社会价值认知>生态价值认知。当政府对绿色农业技术的宣传推广力度越大时，农户对绿色农业技术的基本原理、作用效果、操作方法等也越加了解，认知范围的扩大和认知程度的深化，又提升了技术本身的价值认同感。政府对农户行为的监督惩罚，不仅可以有效调整农户不合理的生产行为，还能防止不合规的技术采纳对农业生产、生态环境和公共利益造成的损害，农户为了有效避免增加额外成本的惩罚损失，会主动了解技术，因此农户对技术的认知也会随之提高。当政府的奖励补贴力度越大时，经济吸引力促进了农户加强技术学习的内生动力，提高了农户对技术的认知水平。因此，良好的政府规制政策与环境氛围，有助于提升农户对绿色农业技术的价值认知。

从表 5-5 到表 5-7 模型 2 的回归结果可以看出，引导规制对农户绿色农业技术经济价值、生态价值和社会价值认知的回归系数分别为 0.268、0.096、0.257，且分别在 1%、5% 和 1% 的统计水平显著。表明引导规制越到位，农户对绿色农业技术的价值认知越高。在中国农村地区，由于受到地域、交通、资源等限制，农业生产信息有时不能够快速准确且及时地传递到每个农户身上，因此农户在获取信息的渠道、途径、水平上也存在差异，此时政府规制的引导规制对农户获取信息，加深技术了解尤为重要。政府通过加强宣传推广，不仅可以提高农户对绿色农业技术全方位的认知，增加农户绿色农业技术的知识储备，提高农户在田间管理、技术运用水平、应对市场风险以及认知现实社会的能力，还可以借此机会充分解读国家、本省等相关政策文件，培养农户对生态环境保护的责任感和使命感。约束规制对农户绿色农业技术经济价值、生态价值认知和社会价值认知的回归系数分别为 0.345、0.372 和 0.321，且均在 1% 的统计水平显著。表明政府约束规制越到位，农户对绿色农业技术的价值认知越高。政府在制定相关农业环境法律法规的基础上，加大对农业生产不合理行为的监督管理力度，并对违规行为进行处罚，农户在权衡成本之后，理性的经济思想会提升农户对技术的认知。激励规制对农户绿色农业技术经济价值、生态价值和社会价值认知的回归系数分别为 0.130、0.126、0.134，且均在 1% 的统计水平显著。表明激励规制越高，农户对绿色农业技术的价值认知越高。农户是理性的，追求利益最大化是他们的目标，当政府的经济奖励补贴力度提高时，农户会为了提高经济收入和主动加强对技术的认知，以便在后续操作过程中能够更加得心应手。综上可知，在经济价值认知的影响因素中，约束规制>引导规制>激励规制>；在生态价值认知的影响因素中，约束规制>激励规制>引导规制；在社会价值认知的影响因素中，约束规制>引导规制>激励规制。由此可见，政府约束规制对农户绿色农业技术认知的影响最大。

5.3.2.5　控制变量对绿色农业技术价值认知的影响

从表 5-5 到表 5-7 模型 2 的回归结果可以看出，控制变量中的性别在模型 1 中对绿色农业技术的经济价值和生态价值认知均通过了 1% 的显著性水平检验，回归系数分别为-0.206 和-0.298。在模型 2 中对绿色农业技术的经济价值和生态价值认知分别通过了 5% 和 1% 的显著性水平检验，回归系数分别为-0.179 和-0.257。表明女性比男性对绿色农业技术产生的经济价值和生态价值认知更高。控制变量中的年龄在模型 1 中对绿

色农业技术的社会价值通过了 1% 的显著性水平检验，回归系数为
-0.133。表明年龄越小对绿色农业技术产生的社会价值认知更高。可能
的原因是，年龄较小的农户接受新鲜事物的能力较强，视野也更为开阔，
对绿色农业技术的了解可能更为全面，而年龄较大的农户更容易陷入技术
路径依赖，倾向并拘泥于传统的农业技术。控制变量中的地区在模型 1 中
对绿色农业技术的经济价值认知通过了 10% 的显著性水平检验，回归系
数为-0.081。表明地方农户相比兵团农户对绿色农业技术产生的经济价
值认知更高。在模型 2 中对绿色农业技术的社会价值认知通过了 5% 的显
著性水平检验，回归系数为 0.174。表明兵团农户相比地方农户对绿色农
业技术产生的社会价值认知更高。

5.4 本章小结

本章利用新疆 33 个县（市）、团（农）场 863 户棉花种植农户的实
地调研数据为例，运用 Ordinal-Probit 模型定量分析人力资源禀赋、经济
资源禀赋、社会资源禀赋和政府规制对农户绿色农业技术经济价值认知、
生态价值认知和社会价值认知的影响，实证检验后得出以下主要结论：

第一，农户人力资源禀赋显著正向影响农户绿色农业技术的经济价值
认知、生态价值认知和社会价值认知。其中，文化程度对农户绿色农业技
术经济价值认知、生态价值认知和社会价值认知具有促进作用，劳动力数
量对农户绿色农业技术的社会价值认知具有促进作用，种植经验对农户绿
色农业技术经济价值认知具有抑制作用。

第二，农户经济资源禀赋显著正向影响农户绿色农业技术的生态价值
认知。其中，种植面积对农户绿色农业技术的社会价值认知具有抑制作
用，家庭总收入对农户绿色农业技术的生态价值认知具有抑制作用，兼业
农户对农户绿色农业技术的经济价值认知、生态价值认知和社会价值认知

具有促进作用。

第三，农户社会资源禀赋显著正向影响农户绿色农业技术的经济价值认知、生态价值认知和社会价值认知。其中，社会地位对农户绿色农业技术经济价值、生态价值和社会价值认知具有促进作用，社会网络关系对农户绿色农业技术经济价值、生态价值和社会价值认知具有促进作用。

第四，政府规制显著正向影响农户绿色农业技术的经济价值认知、生态价值认知和社会价值认知。其中，引导规制、约束规制、激励规制均对农户绿色农业技术的经济价值认知、生态价值认知和社会价值认知有显著促进作用。影响程度中，经济价值认知>社会价值认知>生态价值认知。具体来说，在经济价值认知的影响因素中，约束规制>引导规制>激励规制>；在生态价值认知的影响因素中，约束规制>激励规制>引导规制；在社会价值认知的影响因素中，约束规制>引导规制>激励规制。由此可见，政府约束规制对农户绿色农业技术认知的影响最大。

第五，女性比男性对绿色农业技术产生的经济价值和生态价值认知更高。年龄越小对绿色农业技术产生的社会价值认知更高。地方农户相比兵团农户对绿色农业技术产生的经济价值认知更高。兵团农户相比地方农户对绿色农业技术产生的社会价值认知更高。

第6章 农户绿色农业技术采纳意愿分析

计划行为理论认为,所有可能影响行为的因素都是经由行为意向来间接影响行为的表现。行为意向是指个人对于采取某种特定行为的主观概率的判定,它反映了个人对于某一特定行为的采纳意愿。农户是农业生产的主体,农户的绿色农业技术采纳意愿实际上是绿色农业技术采纳行为的前提,它决定了技术推广进程和作用效果。绿色农业技术具有长期效益,农户为了获得更多可持续性的生产收益,会主动加大农业生产的投资力度,同时愿意花费大量的人力、物力、时间和精力投入到农业技术的学习中,通过参加技术培训活动来获取农业技术指导和其他的农业技术信息,进而提高了农户采纳绿色农业技术的动机(闫阿倩和罗小锋,2021)。农户绿色农业技术的应用推广,是农户由技术认识到采纳意愿再到采纳行为的决策过程,不仅要了解农户的采纳意愿,还要把握意愿转化为实际行动的规律,单纯研究某一个环节,难以把握其内在机理。研究新疆棉花种植过程中农户绿色农业技术采纳意愿受到哪些因素的影响,其作用路径又是怎样的?厘清农户绿色农业技术采纳意愿与行为响应路径,对规范农户绿色农业技术采纳,落实中央绿色发展理念具有重要的现实意义(李明月和陈凯,2020)。

学者们有关绿色农业技术采纳意愿的研究主要集中在以下几个方面:一是农户个体特征方面,如文化程度(谢贤鑫和陈美球,2019)、村干部经历(侯晓康等,2019)等对农户技术采纳意愿有显著影响;也有研究指出年龄对农民跨期绿色农业采纳意愿的影响效应呈现倒"U"形（张童朝等，2020）。二是农户生产经营特征，如土地面积和贷款情况（宋晓威等，2021）、农用机械数量（黄晓慧等，2020）等显著影响农户技术采纳意愿。三是农户资源禀赋，如农户认知能力（张红丽等，2020）、非农就业经历（罗明忠等，2022）、风险感知能力（杜三峡等，2021）、信息获取能力（高杨和牛子恒，2019）等显著影响其技术采纳意愿。四是外部社会环境，如社会网络（张文娥等，2022）、社会规范（王太祥等，2021）、政府规制（罗岚等，2021）等对技术采纳意愿有显著的影响。五是正式与非正式组织，如农业社会化服务（卢华等，2021）、产业组织（张康洁等，2021）、社区监督（于艳丽和李桦，2020）、邻里效应（李明月等，2020）等对农户农业技术采纳行为的影响。

通过以上研究成果可以发现，学者们从不同维度通过理论分析和实证研究探讨了农户绿色农业技术采纳行为的发生机理及影响因素，具有一定的借鉴意义。但仍然可以进行以下扩展：一是现有文献中缺乏对棉花生产过程中涉及的绿色农业技术采纳研究；二是现有文献通常分析技术采用意愿或者采纳行为的影响因素，对意愿到行为的作用机理分析不足，且对采纳程度的行为选择研究较为不足；三是现有研究多从单一视角分析农户对绿色农业技术采纳的影响因素，缺乏从多维度视角探讨其内在驱动机制。本章在 MOA 理论和 NAM 理论的整合框架基础上，构建了一个包含内在动机和外部环境共同作用的整合分析模型，运用结构方程模型考察棉花种植农户绿色农业技术采纳意愿的影响因素及内在机理。

6.1 理论分析与研究假设

6.1.1 MOA 理论

MOA 理论模型主要由动机、机会、能力三方面核心指标组成，它们之间的相互关联、相互补充并相互作用，共同推动了某种计划行为的发生（陈泽谦，2013）。MOA 因其对行为较好的稳定性和预见性，在行为科学分析中被广泛应用。张童朝等（2019）、姜维军和颜廷武（2020）基于MOA 模型的实证分析，研究分析了农民秸秆资源化利用意愿与行为的关系。本章基于 MOA 理论模型，探讨新疆棉花种植农户绿色农业技术采纳意愿的外部影响因素。

动机是推动个体从事某种活动，并朝一个方向前进的内部驱动力（吴雪莲等，2016）。行为动机具有多样性特征，有自利追求也有利他倾向（张童朝等，2019）。农户是重要的农业经营主体，作为理性经济人，在决策过程中通常会权衡利弊、趋利避害，追求经济效益最大化。若农户认识到绿色农业技术具有节本增效、减少污染的好处，会提高其采纳意愿。从这一角度出发，使用绿色农业技术可以提高农产品品质和生产效率作为自利追求的衡量指标。而农户的行为动机不仅局限于实现自身利益，还会兼顾对他人的影响和对社会的贡献。当考虑不使用绿色农业技术可能会破坏生态环境，降低土壤质量甚至危及他人健康时，农户会提升采用意愿。农户绿色农业技术采纳的利他倾向可以体现在考虑技术对生态环境的影响。基于以上分析，本书提出如下假设：

H6-1：采纳动机对农户绿色农业技术采纳意愿有显著的正向影响。

机会是指在一定时间范围内，个体所面临的有利情景（吴雪莲等，2016）。也可以说是农户对有利于其行为实施的外部客观因素的主观认知和判断，当农户感知外部环境对其有益时，会增加其决策行为。近年来，农业社会化组织发展迅速，在农业生产经营中发挥着重要的作用。农业社会化服务组织依托其专业型技术人才、先进的技术装备、绿色的生产资料等，在市场中扮演着至关重要的角色，其有利之处在于不仅可以缓解单个农户在采纳某种新技术时所面临的成本高、风险高、技术薄弱等问题，还能够凭借其优势在市场竞争环节和产品销售链上，为农户带来更有利的产出效率。农业资产的专用性决定着农业社会化服务是降低边际成本的有效路径（张梦玲等，2022）。农业社会化服务组织在棉花种植过程中不仅能够以较低的价格向农户提供测土配方施肥、无人植保飞机等全程化绿色生产服务，带动农户从事绿色生产活动（孙小燕和刘雍，2019），而且能够缓解农户技术风险和市场风险感知对技术采纳行为的抑制作用（杜三峡等，2021）。本章将 MOA 理论中的机会定义为农业社会化服务，参照刘洋和余国新（2022）的研究，棉花种植过程中的农业社会化服务，分为产前的金融保险服务，产中的农业技术服务和农业机械服务，产后的流通销售服务。基于以上分析，本书提出如下假设：

H6-2：农业社会化服务对农户的绿色农业技术采纳意愿有显著正向影响。

H6-3：农业社会化服务对农户的绿色农业技术采纳动机有显著正向影响。

能力指个体决策的潜力和所需要的信息。信息是农业生产经营者减少不确定性的主要影响因素，信息的传递能够有效降低农户逆向选择的概率（高杨和牛子恒，2019）。信息能力可以降低信息搜寻成本、减少资源整合时间，优化农业生产要素配置，从而有效减少农业技术采纳的要素禀赋约束（闫迪和郑少锋，2020）。有限理性行为理论指出，信息在个体的行为决策中扮演着重要角色，信息获取能力越高行为决策将越科学。农户获取信息的渠道越多元，技术知识的积累越丰富，规避市场风险的能力就越强，从而减少了信息不对称带来的不确定感。农户信息能力越高，对种植经验的积累越丰富，能够更全面地认识到采纳绿色农业技术在提高农产品品质，提高农业生产效率和改善生态环境中发挥的积极作用，因此对新技术的采纳意愿也会随之提升，其采纳动机也会更为强烈。参考苑春荟等（2014）、闫贝贝和刘天军（2022）的研究，将 MOA 理论中的能力定义为信息能力，并划分为信息获取能力、理解能力、共享能力、利用能力。基于以上分析，本书提出如下假设：

H6-4：信息能力对农户绿色农业技术采纳意愿有显著正向影响。

H6-5：信息能力对农户绿色农业技术采纳动机有显著正向影响。

6.1.2 NAM 理论

NAM（Schwartz，1977）也称规范激活模型，是能够有效预测亲环境行为的理论。个人规范指采取或规避某个特定行为的道德责任或义务（万欣等，2020）。后果意识指对不实施某项特定行为带来的不良后果的认知（Wang 等，2019）。责任归属指对不实施某项特定行为带来不良后果的责任感（曹慧和赵凯，2018）。该理论认为，个人实施的亲环境行为动力主要源于内在道德义务感，即个人规范可以直接影响行为意愿，也可以由后果意识和责任归属两个条件激活（Schwartz，1977）。农户采纳绿色农业技术实际上也是一种亲环境行为。随着国家实施绿色农业发展行动，政府规制随之加强，农户对不使用绿色农业技术而产生的后果意识更加明确，其责任归属感也越强，因此个人规范的形成可能性越大。当个人规范被后果意识和责任归属激活后，会产生自责情绪，进而促进其进行绿色农业技术采纳，其采纳意愿和采纳行为直接决定了技术推广效率和成效。本章基于 NAM 理论模型，探讨影响棉农绿色农业技术采纳意愿的内部因素。基于以上分析，本书提出如下假设：

H6-6：后果意识显著正向影响农户绿色农业技术采纳意愿的责任归属。

H6-7：责任归属显著正向影响农户绿色农业技术采纳意愿的个人规范。

H6-8：个人规范对农户绿色农业技术采纳意愿有显著正向影响。

6.1.3 MOA 和 NAM 的整合模型

将 MOA 理论和 NAM 理论进行整合，可以看成是外部环境和内在动机对农户绿色农业技术采纳意愿影响的整合模型，可以显著提高理论对采纳意愿的解释力。另外，根据计划行为理论，当实际控制条件充分满足时，所有影响行为的因素均能通过影响行为意向间接作用于行为本身（颜玉琦等，2021）。农户的绿色农业技术采纳行为多源于自身的意愿驱使，采纳意愿越强烈，越会促使其采纳行为的产生。基于以上分析，本书提出如下假设：

H6-9：农户绿色农业技术采纳意愿显著正向影响采纳行为。

为验证以上研究假设，本章基于 MOA 和 NAM 整合框架构建了农户绿色农业技术采纳意愿和采纳行为影响因素的结构方程模型，具体研究框架如图 6-1 所示。

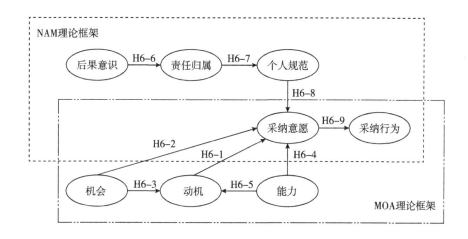

图 6-1　农户绿色农业技术采纳意愿的理论框架

6.2　变量设定与研究方法

6.2.1　变量设定

参考于正松等（2018）、颜玉琦等（2021）对技术采纳倾向和行为意向的衡量指标，本章选取采纳意愿、推荐意愿、重复使用意愿、持续关注意愿四个题项来度量绿色农业技术采纳意愿。使用李克特五级量表测量问题项，根据农户回答"非常不愿意"到"非常愿意"分别赋值 1~5。参考吴雪莲等（2017）水稻种植产前、产中、产后的绿色农业技术分类，结合新疆棉花种植的实际情况将棉花种植过程中绿色农业技术概括为产前（干播湿出技术），产中（测土配方施肥技术、膜下滴灌技术、生物有机肥施用技术、病虫害防控技术、科学施药技术），产后（地膜回收技术、保护性耕作技术）8 种技术。根据农户对每一种技术的采纳程度，采用李克特五级量表测量问题项，从"从不""偶尔""有时""经常""总是"分别赋值 1、2、3、4、5。根据 MOA 理论和 NAM 理论的结构框架，表6-1 列出了结构方程模型包含的 6 个潜变量：采纳动机、农业社会化服务、信息能力、后果意识、责任归属和个人规范。上述潜变量统一采用李克特 5 级量表进行测算。

表 6-1　农户绿色农业技术采纳意愿的变量设定与描述性统计

潜变量	观测变量	变量命名	均值	标准差
采纳动机（AM）	绿色农业技术可以提高农产品品质	AM1	4.32	0.732
	绿色农业技术可以提高农业生产效率	AM2	4.24	0.764
	绿色农业技术可以改善生态环境	AM3	4.21	0.790
农业社会化服务（ASS）	您对本地金融保险服务的满意程度	ASS1	3.92	0.893
	您对本地农业技术服务的满意程度	ASS2	3.98	0.815
	您对本地农业机械服务的满意程度	ASS3	4.05	0.865
	您对本地流通销售服务的满意程度	ASS4	3.93	0.877
信息能力（IC）	您经常关注和查询农业技术类信息	IC1	3.64	1.052
	您能够理解农技推广人员讲解的内容	IC2	3.44	1.129
	您认为信息的相互交流可以带动大家共同致富	IC3	3.42	1.128
	您能够利用获取的信息解决面临的问题	IC4	3.73	1.115
后果意识（AC）	采纳绿色农业技术会减少环境污染	AC1	3.99	1.171
	采纳绿色农业技术会降低行政处罚风险	AC2	3.81	1.114
	采纳绿色农业技术能得到经济补偿	AC3	3.95	1.101
责任归属（AR）	您认为采纳绿色农业技术是每个农户的责任与义务	AR1	3.61	1.150
	您认为采纳绿色农业技术对自己和他人都有好处	AR2	3.81	1.066
	您认为采纳绿色农业技术对社会发展有益	AR3	3.68	1.081

续表

潜变量	观测变量	变量命名	均值	标准差
个人规范（PN）	您认为在道德上有必要采纳绿色农业技术	PN1	3.62	1.013
	您没有采纳绿色农业技术会感到内疚	PN2	3.54	1.045
	采纳绿色农业技术符合您的价值观	PN3	3.46	1.087
绿色农业技术采纳意愿（WA）	您对绿色农业技术的采纳意愿如何	WA1	4.05	0.865
	您向他人推荐绿色农业技术的意愿如何	WA2	3.93	0.877
	如果效果良好，您重复使用此项绿色农业技术意愿如何	WA3	4.17	0.781
	您持续关注绿色农业技术发展意愿如何	WA4	4.15	0.758
绿色农业技术采纳行为（AB）	干播湿出技术的采纳程度	AB1	2.63	1.056
	病虫害绿色防控技术的采纳程度	AB2	3.82	0.853
	测土配方施肥技术的采纳程度	AB3	1.61	0.974
	生物有机肥施用技术的采纳程度	AB4	2.19	0.965
	科学施药技术的采纳程度	AB5	3.68	0.959
	膜下滴灌技术的采纳程度	AB6	4.23	0.988
	保护性耕作技术的采纳程度	AB7	4.41	0.903
	地膜回收技术的采纳程度	AB8	4.13	0.931

6.2.2 研究方法

6.2.2.1 因子分析法

因子分析方法主要通过对原有的指标进行降维，在诸多变量中分析找到具有代表性，但又无法直接测量到的隐性变量。设有 p 个原始变量：x_1，x_2，x_3，…，x_p，它们可能相关，也可能独立，有 n 个不可观测的因子：F_1，F_2，…，F_n（p>n），则可以建立相应的因子分析模型如下：

$$x_1 = a_{11}F_1 + a_{12}F_2 + \cdots + a_{1n}F_n + \varepsilon_1$$

$$x_2 = a_{21}F_1 + a_{22}F_2 + \cdots + a_{2n}F_n + \varepsilon_2$$

……

$$xp = a_{p1}F_1 + a_{p2}F_2 + \cdots + a_{pn}F_n + \varepsilon_p$$

将上述公式表示为如下矩阵形式：

$$X = AF + \varepsilon \tag{6-1}$$

式中，F = $(F_1, F_2, \cdots, F_n)$，称为公因子；A = (a_{pn}) 称为因子载荷矩阵，a_{pn} 称为因子载荷，代表了第 p 个变量与第 n 个因子之间的相关系数，系数的大小反映了相关程度，系数值越大，则它们之间的相关性就越大，反之则越小；$\varepsilon = (\varepsilon_1, \varepsilon_2, \cdots, \varepsilon_k)$，代表随机变量。

6.2.2.2 结构方程模型（SEM）

结构方程模型分析不能直接观测到的潜变量之间的结构关系，可以较好地解决农户难以观测的问题，清晰地描绘出农户的行为方式，分析变量之间的影响大小，以及变量与变量间是否存在差异。完整的 SEM 由测量模型和结构模型两部分构成。测量模型为：

$$X = \Lambda x\xi + \delta, \quad Y = \Lambda y\eta + \varepsilon \tag{6-2}$$

式中，X 表示外生潜变量；Y 表示内生潜变量；$\Lambda x\xi$ 表示 X 的因子负荷矩阵；Λy 表示 Y 的因子负荷矩阵；δ 表示 X 的测量误差项；ε 表示 Y 的测量误差项。结构模型为：

$$\eta = B\eta + \Gamma\xi + \zeta \tag{6-3}$$

式中，η 表示内生潜变量；B 表示内生潜变量间关系；Γ 表示外生潜变量对内生潜变量的关系；ξ 表示外生潜变量；ζ 表示残差项。

6.3 实证结果分析

6.3.1 信度、效度检验和因子分析

6.3.1.1 信度与效度检验

运用 SPSS 24.0 软件对量表进行信度和效度检验，结果如表 6-2 所示。研究采用 Cronbach's α 值检验测量因子的内部一致性，总量表的 α 系数为 0.759，采纳动机、农业社会化服务、信息能力、个人规范、后果意

识、责任归属的 α 系数分别为 0.859、0.805、0.791、0.633、0.748、0.782，均大于 0.6，说明问卷的一致性和稳定性较好，量表总体信度较好。使用因子分析方法中 KMO 检验和 Bartlett 球形度检验，来验证测量因子的有效性。结果显示总量表的 KMO 统计值为 0.837，Bartlett 球形检验显著性为 0.000，各潜变量的 KMO 值为 0.6~0.9，Bartlett 球形度检验值均在 1% 水平显著，各潜变量间具有良好的效度。量表中六个潜变量的 CR 值均大于 0.8；AVE 值均大于 0.5，表明量表数据聚合效果较好，其结构变量收敛度也良好，变量具有良好的构建信度。通过以上检验结果，该量表数据适合做因子分析。

表 6-2　信效度检验表

潜变量	项数	α 系数	KMO	Bartlett 球形检验			CR	AVE
				卡方检验	自由度	显著性水平		
总量表	20	0.759	0.837	6038.745	190	0.000	0.964	0.572
采纳动机	3	0.859	0.726	1204.693	3	0.000	0.914	0.781
农业社会化服务	4	0.805	0.791	1067.070	6	0.000	0.873	0.632
信息能力	4	0.791	0.790	974.462	6	0.000	0.866	0.618
个人规范	3	0.633	0.644	319.993	3	0.000	0.873	0.632
后果意识	3	0.748	0.672	629.151	3	0.000	0.858	0.668
责任归属	3	0.782	0.685	548.433	3	0.000	0.850	0.653

6.3.1.2　因子分析结果

以特征值大于 1 为原则，共提取出 6 个因子，其累积方差贡献率为 65.886%，累积方差贡献值达到 60% 以上，因子对变量的解释能力即可接受，结果符合标准，可以进行后续研究（见表 6-3）。

表 6-3　因子提取及方差解释比

成分	初始特征值			旋转平方和载入		
	合计	方差的%	累积%	合计	方差的%	累积%
1	4.227	21.135	21.135	2.602	13.010	13.010
2	3.719	18.596	39.731	2.366	11.829	24.839
3	2.121	10.604	50.335	2.352	11.760	36.599
4	1.190	5.949	56.284	2.266	11.329	47.928
5	1.007	5.035	61.319	1.884	9.418	57.346
6	0.913	4.567	65.886	1.708	8.540	65.886
7	0.687	3.433	69.319			
8	0.670	3.349	72.668			
9	0.632	3.159	75.826			
10	0.589	2.947	78.773			
⋮	⋮	⋮	⋮			
20	0.232	1.162	100.000			

　　采用 Kaiser 标准化最大差法进行旋转，旋转在 7 次迭代后收敛，得到旋转后的成分得分矩阵如表 6-4 所示。可以看出，旋转后的 6 个因子包含的观测变量载荷值均大于 0.6（除观测变量 AR3 略低于 0.6 以外），说明因子的内部收敛和外部区别都较好。根据公因子所包含观测变量的主要内容，将 6 个潜变量分别定义为：采纳动机（AM）、农业社会化服务（ASS）、信息能力（IC）、后果意识（AC）、责任归属（AR）、个人规范（PN）。综上所述，以上检验的各项指标都达到标准，数据质量较佳，可以进入下一步模型分析。

表6-4 旋转后的成分得分矩阵

观测变量	成分					
	1	2	3	4	5	6
ASS1	0.859					
ASS2	0.790					
ASS3	0.707					
ASS4	0.672					
IC4		0.773				
IC2		0.772				
IC1		0.767				
IC3		0.724				
AM1			0.884			
AM2			0.840			
AM3			0.769			
AC2				0.822		
AC3				0.802		
AC1				0.623		
AR2					0.808	
AR1					0.736	
AR3					0.592	
PN3						0.722
PN2						0.701
PN1						0.690

注：提取方法：主成分分析法；旋转法：具有 Kaiser 标准化的正交旋转法；旋转在 7 次迭代后收敛。

6.3.2　结构方程模型（SEM）实证分析

6.3.2.1　模型适配度检验

为确保研究的科学性，需要对问卷模型进行适配度检验。使用 AMOS
24.0 软件采用绝对适配度指标、增值适配度指标和精简适配度指标，对
模型拟合度进行衡量分析。初始模型的各个指标基本达到相关参数要求，
但为了追求更理想的拟合结果，对初始模型进行了修正，修正后各检验指
标如表 6-5 所示。从实际拟合值来看，各个检验指标均满足了拟合评价
标准，拟合结果理想，由此可以判断出该模型的适配度良好。修正模型路
径如图 6-2 所示。

表 6-5　模型适配度检验结果

指标类型	指标	含义	评价标准	实际拟合值	拟合结果
绝对适配度指标	CMIN/df	卡方自由度比	<3	1.930	理想
	GFI	比较适合度指标	>0.9	0.945	理想
	AGFI	修正的拟合优度指数	>0.9	0.930	理想
	RMR	残差均方和平方根	<0.08	0.049	理想
	RMSEA	近似拟合指数	<0.08	0.033	理想
增值适配度指标	NFI	基准化适合度指标	>0.9	0.941	理想
	RFI	相对适合度指标	>0.9	0.930	理想
	IFI	增量适合度指标	>0.9	0.971	理想
	TLI	塔克—刘易斯指数	>0.9	0.965	理想
	CFI	比较适合度指标	>0.9	0.970	理想
精简适配度指标	PGFI	简效的适度指标	>0.5	0.748	理想
	PNFI	简约性已调整基准化适合度指标	>0.5	0.793	理想
	PCFI	简约性已调整比较适合度指标	>0.5	0.818	理想

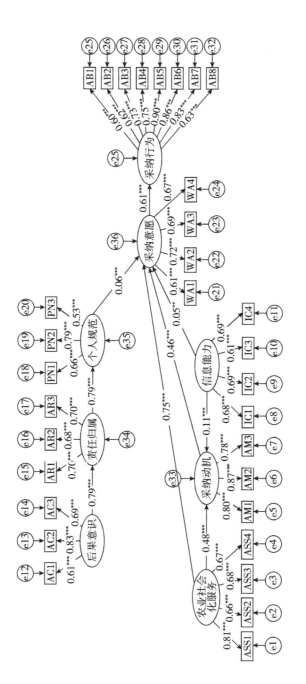

图6-2　修正模型路径

注：*、**、***分别表示在10%、5%、1%的统计水平上显著。

6.3.2.2　模型修正结果分析

修正模型拟合后的结果显示，模型中各潜变量之间的拟合路径系数均通过了显著性检验，前文中所提到的所有假设均得以验证，具体分析如下：

（1）MOA 理论框架。采纳动机和农业社会化服务对农户绿色农业技术采纳意愿的影响通过了 1% 的显著性检验，就标准化路径系数来看农业社会化服务（0.755）的影响程度大于采纳动机（0.460），H6-1 和 H6-2 成立。究其原因：提高农产品品质，提高农业生产效率，改善生态环境作为农户绿色农业技术的采纳动机，包含了农户的有限理性和利他倾向。从有限理性出发，农户在衡量技术的成本和收益之后，会做出理想的判断。从利他倾向出发，农户绿色农业技术会带来的生态环境的改善。在政府的大力宣传推广和优惠政策刺激下，农户能够感受其内在价值和外在价值，因此提升了采纳意愿。农业社会化组织能够提供覆盖棉花产业种、管、收全过程的技术托管服务，有助于弥补农户零散行为的缺陷，降低小农户绿色农业技术信息搜寻成本和购置采纳成本，缓解其参与市场交易和竞争的压力，实现最优化资源配置，提高生产效率，提升农业经营收入。因此，采纳动机和农业社会化服务会积极影响其绿色农业技术的采纳意愿。农业社会化服务对农户绿色农业技术采纳动机有显著正向影响，标准化路径系数为0.485，H6-3 成立。绿色农业技术产生的经济效益与外部价值构成了农户采纳技术的主要动力，"趋利避害"是农户决策的重要依据，绿色农业技术所蕴含的经济价值和生态价值对农户行为具有较强的内在驱动力。农业社会化服务为农户提供了更加精良的装备、技术服务和科学化的管理理念，在新品种新技术引进示范推广、农作物增产保险、农产品产供销等方面为社员提供服务，最大限度地降低各类生产成本，增强了市场竞争力，提高了生产效益，促进农户增收致富，因此农户采纳动机增强。信息能力对农户绿色农业技术采纳意愿的影响通过了 5% 的显著性检验，标准化路径系数为 0.049，H6-4 成立。信息能力对农户绿色农业技术采纳动机的影响通过 1% 显著性检验，标准化路径系数为 0.113，H6-5 成立。信息能力在农户决策行为中至关重要，不仅可以降低农户的信息搜寻成本，优化农业生产要素配置，还有利于农户甄别技术风险，规避市场风险，减少信息不对称带来的不确定性，从而有效整合涉农信息资源，及时获取新技术和管理方法。农户获取信息的渠道越多，信息能力越丰富，技术支撑和科学化管理理念越强，越能促进农户采纳动机的形成。综上所述，采纳意愿的直接影响路径有以下三条：采纳动机→采纳意愿、农业社会化服务→采纳意愿、信息能力→采纳意愿的直接影响路径。采纳意愿的间接影响路径有以下两条：农业社会化服务→采纳动机→采纳意愿、信息能力→采纳动机→采纳意愿的间接影响路径。

（2）NAM 理论框架。后果意识显著正向影响责任归属，标准化路径系数为 0.793，H6-6 成立。责任归属显著正向影响个人规范，标准化路径系数为 0.789，H6-7 成立。个人规范对农户绿色农业技术采纳意愿有显著正向影响，标准化路径系数为 0.064，H6-8 成立。所有路径均通过 1% 的显著性检验。综上所述，后果意识→责任归属→个人规范→采纳意愿的路径成立，说明个人规范在影响农户绿色农业采纳意愿的过程中，被后果意识和责任归属激活。农户在采纳绿色农业技术前，不仅会从利己角度出发考虑使用技术所带来的经济效益、操作难度和风险压力等，还会从利他角度出发考虑对他人的影响，对生态环境的影响和对社会的贡献，因此农户在形成个人规范的同时，兼顾了自身、他人和社会的期望，其意愿和行为在很大程度上被周围环境和社会群体所塑造。综上所述，采纳意愿的直接影响路径为：个人规范→采纳意愿。采纳意愿的间接影响路径有以下两条：责任归属→个人规范→采纳意愿、后果意识→责任归属→个人规范→采纳意愿。

农户绿色农业技术采纳意愿显著正向影响采纳行为，标准化路径系数为 0.613，采纳意愿→采纳行为的路径成立。即当农户对绿色农业技术的采纳意愿越为强烈时，其采纳这种绿色农业技术的实际行动可能性越大，H6-9 成立。从每种绿色农业技术的标准化路径系数结果来看，AB5＞AB6＞AB7＞AB4＞AB3＞AB8＞AB2＞AB1，说明在采纳意愿对采纳行为的影响中，科学施药技术、膜下滴灌技术、保护性耕作技术的作用最明显。

表 6-6　结构方程模型估计结果

研究假设	路径			Estimate（未标准化）	Estimate（标准化）	S. E.	C. R.	P
H1	采纳意愿	<---	采纳动机	0.381	0.460	0.032	11.775	***
H2	采纳意愿	<---	农业社会化服务	0.646	0.755	0.043	15.178	***
H3	采纳动机	<---	农业社会化服务	0.500	0.485	0.041	12.249	***
H4	采纳意愿	<---	信息能力	0.032	0.049	0.015	2.154	**
H5	采纳动机	<---	信息能力	0.089	0.113	0.027	3.329	***
H6	责任归属	<---	后果意识	0.892	0.793	0.067	13.223	***
H7	个人规范	<---	责任归属	0.654	0.789	0.048	13.651	***
H8	采纳意愿	<---	个人规范	0.048	0.064	0.016	2.950	***
H9	采纳行为	<---	采纳意愿	0.651	0.613	0.046	14.191	***

注：*、**、***分别表示在10%、5%、1%的统计水平上显著。下同。

6.3.3　多群组稳健性检验与异质性分析

前文已经证实，采纳动机、农业社会化服务、信息能力、后果意识、责任归属、个人规范对农户绿色农业技术采纳意愿产生了显著的影响。但以往有研究指出，样本所属群体可能因为资源禀赋条件的差异造成研究结论的不一致。因此，为进一步探讨农户绿色是农业技术采纳意愿的稳健性和异质性，本章采用多群组结构方程来进行检验，多群组结构方程分析是用来评估适配于某一样本的模型是否也适配于不同样本群体。根据兼业情况，将样本农户分为兼业农户和纯农户2组。根据文化水平情况，将样本农户分为2组：初中及以下学历命名为"低学历组"，高中及以上学历命名为"高学历组"。根据 AIC、ECVI 指标值最小原则，对预设模型、平行模型、相同截距、重合模型的适配度进行比较，最终选用平行模型作为多群组模型。两组分析模型中 CFI 值和 GFI 值最小为 0.924，大于 0.90 的标准值；RMSEA 最大值为 0.016，小于 0.08 的临界值；表明多群组模型与样本数据适配情况良好。如表 6-7 结果所示，各群组模型中的路径系数符号和显著性水平与表 6-6 相近，说明上述结果具有稳健性。

（1）异质性结果分析：从兼业分组情况来看。

1）在采纳动机对采纳意愿的影响中兼业农户大于纯农户，这可能与兼业农户的社会身份有关。首先，兼业农户通常拥有更多的社会联系和外部资源，相对于纯农户更有可能接触新的农业技术和更多的信息来源，这些社会网络关系和外部资源可以激发兼业农户的绿色农业技术采纳动机。其次，兼业农户由于从事其他职业，农业不再是其唯一的收入来源，更加注重农业生产的效益和可持续性。绿色农业技术符合他们的利益和目标，因此对采纳这些技术更感兴趣。最后，兼业农户对市场需求的敏感度更高，因为他们需要在市场上与其他行业竞争，采用绿色农业技术可以提高他们的产品品质和市场竞争力，进而提高收入。

2）在农业社会化服务对采纳意愿和采纳动机的影响中纯农户大于兼业农户。农业社会化组织可以提供一系列的农业生产、经营和服务等支持，这对于纯农户更加重要。首先，相对于兼业农户，纯农户的收入更加依赖于农业生产，因此，他们更加需要农业社会化组织提供的技术支持、市场信息、金融和保险服务等来稳定和提高收入水平。其次，纯农户相对于兼业农户通常更加专注于农业生产，他们对于农业生产和经营的要求更加专业和系统化，农业社会化组织可以提供一系列的服务和支持，有助于提高农业生产效率。最后，农业社会化组织可以促进农业产业链的整合与发展，通过对农业产业链上下游的协调和整合，将农业生产、流通、加工和销售等环节无缝连接起来，使得纯农户能够更加高效地获取市场信息、销售农产品以及获得更好的收益。

3）在信息能力对采纳动机的影响中兼业农户大于纯农户。首先，兼业农户相比纯农户有更多的工作和生活经验，因此更能意识到信息技术的作用和价值，也更容易接受新技术。其次，兼业农户由于经常涉足市场，对市场也有更深刻的了解，能够更好地理解信息技术在市场中的作用。最后，兼业农户在信息技术的应用方面也具有更高的自主性和主动性，更愿意尝试新技术。

4）在个人规范对采纳意愿的影响中兼业农户高于纯农户。首先，兼业农户在经济和社交方面比较独立和多样化，更容易接触不同的社交网络和社区，接受来自不同社会群体的观点和意见。其次，兼业农户通常具有更广泛的社会经验和社会技能，更能够理解社会规范和期望，并更容易在社会中得到认可和尊重。最后，兼业农户接触社会教育和培训的机会更多，对市场信息、政策制度的把握更为全面准确，且更能够规范抑制自己的行为。

5）在绿色农业技术采纳意愿对采纳行为的影响中兼业农户大于纯农户。

（2）异质性结果分析：从文化水平分组情况来看。

1）在采纳动机对采纳意愿的影响中高学历组大于低学历组。首先，高学历群体相比低学历群体在知识水平、社会阅历、经济收入等方面有一定的优势，因此更能够看到信息技术的优点和应用前景，并更容易接受和理解新技术的意义和价值。其次，高学历群体通常具有更健全的创新精神和更高的自主性，更愿意接受挑战和尝试新技术，在采纳动机方面的影响力更大。因此，高学历群体对技术的认知、操作、效果等掌握越全面，采纳意愿也越高。

2）在信息能力对采纳意愿和采纳动机的影响中高学历组均显著，而低学历组均不显著。首先，高学历人群的知识水平、思维能力以及对信息的处理能力更强，能够更快地掌握新的技术知识和应用方法。其次，高学历人群的社会阅历和经验丰富度相对较高，更能够了解和适应社会对新技术的需求和应用情况，对新技术的需求和使用动机更为强烈。最后，高学历人群通常具有更强的经济实力和更多的时间，更能够从容应对新技术的投入和利用。因此，高学历人群文化程度越高，信息获取、理解、共享、利用能力越强，对采纳意愿的影响程度越高。

3）在个人规范对采纳意愿的影响中高学历组显著，低学历组不显著。首先，高学历人群通常更有意识和更重视个人形象和社会评价，更在意他人对自己的看法和评价。其次，高学历人群在社会交往和接触方面更广泛，接触了更多不同的社区和社交网络，接受了更多来自不同的社会群体和个人观点和评价。最后，高学历人群具有更广泛的知识和经验，更容易借助各种工具和渠道获取他人的意见和建议，更愿意听取不同的声音并参考他人的看法。因此，随着文化程度的提高，农户对技术的认知更充分，无论从利己角度还是利他角度出发，都能够更加考虑技术对自己、他人和社会带来的影响。也更愿意接受他人的建议和意见，并根据他人的评价和期待进行行为调整。

4) 在绿色农业技术采纳意愿对采纳行为的影响中高学历组大于低学历组。

表 6-7　多群组估计结果

研究假设	路径			兼业情况		文化水平	
				兼业农户	纯农户	低学历	高学历
H6-1	采纳意愿	<---	采纳动机	0.514***	0.431***	0.396***	0.460***
H6-2	采纳意愿	<---	农业社会化服务	0.707***	0.771***	0.799***	0.755***
H6-3	采纳动机	<---	农业社会化服务	0.486***	0.496***	0.466***	0.485***
H6-4	采纳意愿	<---	信息能力	0.030	0.050	0.081	0.049**
H6-5	采纳动机	<---	信息能力	0.167***	0.073*	0.045	0.113***
H6-6	责任归属	<---	后果意识	0.735***	0.795***	0.894***	0.793***
H6-7	个人规范	<---	责任归属	0.792***	0.766***	0.762***	0.789***
H6-8	采纳意愿	<---	个人规范	0.074**	0.055*	0.028	0.064***
H6-9	采纳行为	<---	采纳意愿	0.670***	0.549***	0.565***	0.613***

6.4　本章小结

本章运用新疆 863 个棉花种植农户的微观调研数据，在 MOA 理论和

NAM 理论的整合框架基础上，构建了一个包含内在动机和外部环境共同作用的，由 6 个潜变量 20 个观察变量组成的整合分析模型，运用 SEM 模型考察棉花种植农户绿色农业技术采纳意愿和行为的影响因素及作用机理，得出以下主要结论：

第一，采纳动机、农业社会化服务、信息能力和个人规范显著正向影响农户绿色农业技术采纳意愿，其中农业社会化服务的影响最大。即采纳动机→采纳意愿、农业社会化服务→采纳意愿、信息能力→采纳意愿、个人规范→采纳意愿的四条直接响应路径成立。

第二，农业社会化服务和信息能力通过作用于采纳动机显著正向影响农户的采纳意愿；责任归属通过作用于个人规范显著正向影响农户的采纳意愿；后果意识通过作用于责任归属和个人规范显著正向影响农户技术采纳意愿。即农业社会化服务→采纳动机→采纳意愿、信息能力→采纳动机→采纳意愿、责任归属→个人规范→采纳意愿、后果意识→责任归属→个人规范→采纳意愿的四条间接响应路径成立。

第三，农户绿色农业技术采纳意愿显著正向影响采纳行为，采纳意愿→采纳行为的响应路径成立。

第四，多群组稳健性检验和异质性分析结果表明，多群组模型与样本数据适配情况良好，各群组模型中的路径系数符号和显著性水平与上表研究相近，说明上述结果具有稳健性。从兼业分组情况来看，在采纳动机对采纳意愿的影响中兼业农户大于纯农户；在农业社会化服务对采纳意愿和采纳动机的影响中纯农户大于兼业农户；在信息能力对采纳动机的影响中兼业农户大于纯农户；在个人规范对采纳意愿的影响中兼业农户高于纯农户；在绿色农业技术采纳意愿对采纳行为的影响中兼业农户大于纯农户。从文化水平分组情况来看，在采纳动机对采纳意愿的影响中高学历组大于低学历组；在信息能力对采纳意愿和采纳动机的影响中高学历组均显著，而低学历组均不显著；在个人规范对采纳意愿的影响中高学历组显著，低学历组不显著；在绿色农业技术采纳意愿对采纳行为的影响中高学历组大于低学历组。

第7章　农户绿色农业技术采纳行为分析

农户是否采纳绿色农业技术以及对技术的采纳程度，实质上是对成本和收益的比较，以追求经济利益最大化为目标，在进行成本收益的权衡之后做出合理的决策。由于受资源禀赋和个人能力的限制，通过外部手段使经济主体产生的社会收益转化为私人收益是促进绿色技术采纳的根本措施。从收益角度来看，绿色农业技术具有提升农产品品质、提高农业生产效率和改善生态环境的优势，由此带来的市场收益和环境效益提高了农户技术采纳的主动性和积极性。从投入角度看，在绿色农业技术的采纳过程中需要投入更多的学习时间和学习成本，而政府规制可以降低农户各方面的投入成本，监督管理农户生产行为，有效促进农户采纳绿色农业技术。本章首先分析集成绿色农业技术采纳的影响因素，其次以农户棉花种植过程中采纳程度较低的 3 种绿色农业技术：干播湿出技术、测土配方施肥技术和生物有机肥施用技术为例，从心理因素的视角出发，在 S-O-R 理论模型的基础上引入 MOA 模型的能力（A），结合外部刺激与内生驱动，运用中介模型探究农户绿色农业技术采纳行为的影响因素及驱动路径。

学者们有关绿色农业技术采纳行为的研究主要集中在以下几个方面：一是在个人资源禀赋方面（文化程度、身体健康状况、劳动力数量、种植经验）（冯晓龙和霍学喜，2016；吴雪莲等，2017；周力等，2020；唐林等，2021；王学婷等，2021）；二是在经济资源禀赋方面（种植面积、家庭总收入、兼业情况）（李莎莎等，2015；熊鹰和何鹏，2020；罗明忠等，2022）；三是在社会资源禀赋方面（社会地位、社会网络关系、农业组织化）（陈强强等，2020；吴贤荣等，2020；薛彩霞，2022；余志刚等，2022；徐清华和张广胜，2022）；四是在政策环境方面（政府宣传、政府推广、政府补贴、政府规制）（罗岚等，2021；费红梅等，2021；叶琴丽等，2014；黄腾等，2018；黄晓慧等，2019）等都会对农户技术采纳行为产生影响。

以上研究成果具有重要的借鉴意义，但仍然可以进行以下扩展：一是研究视角上，现有文献多注重分析单一因素，即内部因素或外部环境对农户绿色农业技术采纳行为的影响，较少将人力资源禀赋、经济资源禀赋、社会资源禀赋、内在感知等内部因素与政府规制等外部刺激同时纳入一个理论模型进行分析，探究内部因素与外部刺激对农户绿色农业技术采纳行为的作用路径和逻辑机理。事实上，绿色农业技术是一项自上而下的系统工程，其中政府是主导方，农户是参与实施的直接主体，农户对政府的信任等心理因素将直接影响技术的实施效果。二是研究框架上，现有文献倾向于探究了影响农户绿色农业技术采纳行为的直接效应，或是双变量影响农户绿色农业技术采纳行为的交互效应，关于内部因素作用于外部环境进而影响农户绿色农业技术采纳行为的作用机制缺乏深入研究。鉴于此，本章从农户资源禀赋、外部刺激、内在感知出发，基于 S-O-R 拓展理论模型，以新疆 863 户棉花种植农户为研究对象，构建农户绿色农业技术采纳行为模型，从直接作用和间接作用两条路径探究政府规制对农户绿色农业技术采纳行为的影响及作用机制，以期为绿色农业技术有效推广提供一定的借鉴参考。

7.1　理论分析与研究假设

S-O-R（Stimuli-Organism-Response），即刺激—有机体—反应理论

模型是由行为主义的 S-R 模型（刺激—反应）演变而来的，随着人们心理认识的变化，逐渐意识到人的信息处理过程，是从一个物理刺激开始，紧接着通过感观对外界刺激进行接收，经过神经系统加工后做出决定，最后才有动作反应的输出（徐孝娟，2015）。刺激（R）表示个体所处的外部环境特征，对有机体（O）的认知和情感产生刺激作用，有机体经过一系列的心理反应，最终表现为内在或外在行为方式的反应（R）。MOA 理论模型主要由动机、机会、能力三方面核心指标组成。本章借鉴苑甜甜（2021）的研究，为更好地反映农户能力对行为的影响路径，将 MOA 理论中的能力（A）纳入 S-O-R 理论模型中，构建农户绿色农业技术采纳行为的分析框架，进一步增强模型的解释力度。

7.1.1 资源禀赋对农户绿色农业技术采纳行为的影响

农户资源禀赋是指家庭成员及整个家庭所用的包括天然及后天所获得的所有资源和能力，又称为要素禀赋。李成龙（2020）将农户的资源禀赋分为自然资源禀赋、人力资源禀赋、经济资源禀赋和社会资源禀赋，通过研究发现总体资源禀赋水平的提高可以有效促进农户实施生态生产行为，其中自然、经济、社会资源禀赋显著正向影响农户生态生产行为。刘可等（2019）的研究表明，农户生态生产行为的实施受到资源禀赋水平不足和结构不合理等因素的制约，人力资源禀赋是知识、技能与劳动力的凝聚，可以为行为实施提供重要的知识认知和生产技能，经济资源禀赋为农户提供较为丰富的能力和实力实施农业生产行为，社会资源禀赋可有效降低农户行为实施过程中的学习成本（蔡颖萍和杜志雄，2016）。基于以上分析，本书提出如下假设：

H7-1：人力资源禀赋显著正向影响农户绿色农业技术采纳行为。

H7-2：经济资源禀赋显著正向影响农户绿色农业技术采纳行为。

H7-3：社会资源禀赋显著正向影响农户绿色农业技术采纳行为。

7.1.2 政府规制对农户绿色农业技术采纳行为的影响

经济学外部性理论认为，实施绿色农业技术存在显著的正向溢出效应和外部性，但往往无法满足农户的经济效益需求，仅依靠农户的自身力量难以实现技术采纳的普遍性和普适化，需要借助外部力量政府规制予以辅助。黄晓慧（2019）的研究表明，政府支持显著正向影响农户水土保持技术采用。唐林等（2020）认为政府规制通过提供资金补贴或技术支持弥补了生产技术带来的成本损失，进而提高了农户进行绿色生产的积极性。罗岚等（2021）的研究表明，政府规制显著正向影响果农绿色生产技术采纳行为及采纳程度。费红梅等（2021）的研究表明，约束规制对吉林黑土地区纯农户耕地质量保护行为具有显著的影响。外部刺激选择政府规制来进行表征，政府通过宣传培训、技术推广、项目示范等引导规制和财政补贴、税费减免等激励规制，有助于降低农户绿色农业技术采纳的成本，弥补生产技术可能带来的成本损失和市场机制的缺陷，从而提高资源配置效率，促进农户增加农业收入，形成稳定的收益预期，将农户绿色农业技术采纳的正外部性逐渐内部化提高农户技术采纳行为。政府通过制定严格的法律法规来监督惩罚农户行为，直接遏制其外部性的影响，规范了农户行为。基于以上分析，本书提出如下假设：

H7-4：政府规制显著正向影响农户绿色农业技术采纳行为。

7.1.3 技术认知对农户绿色农业技术采纳行为的影响

技术认知可以对采纳行为产生重要的影响，能够帮助农户更快地适应新技术，更有效地评估新技术的优劣，从而更好地利用技术实现生产和生活的优化。顾廷武等（2017）的研究表明，农民秸秆还田的生态福利认知和社会福利认知均对其秸秆还田利用存在显著正向作用。李曼等（2017）的研究表明，农户对节水灌溉技术效果的认知越好，越可能采用此技术。技术了解程度越高，越容易接受新技术，在了解新技术的基础上，农户可以更快地理解新技术的优势和应用场景，更容易接受新技术，也能够更快地发现新技术的缺陷和潜在风险，更谨慎地采纳和使用新技术。同时越能够适应新技术的使用，技术认知高的人，通常具备快速学习和适应新技术的能力，因此更容易在实际运用中获得优势和收益。基于以上分析，本书提出如下假设：

H7-5：技术认知显著正向影响农户绿色农业技术采纳行为。

7.1.4 采纳意愿对农户绿色农业技术采纳行为的影响

农户的绿色农业技术采纳行为多源于自身的意愿驱使，采纳意愿越强烈，越会促使其采纳行为的产生。采纳意愿高的农户能够积极投入到新技术的使用中，当农户认可新技术的优势并且有决心使用这些新技术，他们会更有动力去学习如何使用这些新技术，并将其应用到生产和经营实践中。当农户对技术的认知程度较高，且认为这些新技术可以增加他们的收益，那么他们更愿意采纳新技术。当农户对技术的使用一直保持着高度的热情和兴趣，他们会更愿意尝试对技术进行改进并探索新的应用场景，从而进一步提高技术的效益。综上所述，当农户的采纳意愿越高时，他们更愿意尝试新技术，更有动力去学习和使用新技术，并更容易对新技术进行改进，从而进一步提高技术的效益和收益。基于以上分析，本书提出如下假设：

H7-6：采纳意愿显著正向影响农户绿色农业技术采纳行为。

7.1.5 内在感知对农户绿色农业技术采纳行为的影响

技术接受模型（TAM）由两个主要因素决定：感知的有用性，反映使用具体系统对工作业绩提高的程度；感知的易用性，反映容易使用具体系统的程度。感知有用性可以看作是农户采纳某种绿色农业技术可以提高农业生产效率，提高农产品品质，从而带来一定的经济收益。感知易用性可以看作是农户在使用某种绿色农业技术前，根据经验和能力判断该项技术是否操作简单，容易上手，对技术的便利性和自身可接受可操作程度的预估。感知技术成本是农户对采纳某种新技术所带来的成本节约预期。盖豪等（2020）的研究表明，对于农户持续采用秸秆机械化还田技术来说，低感知技术适用的农户比高感知适用的采用性更高。感知成本投入显著正向影响农户秸秆机械化还田持续采用行为。张嘉琪等（2021）的研究表明，感知有用性和感知易用性正向影响农户秸秆还田技术采纳行为。吴璟等（2021）的研究表明，经济价值感知、生态价值感知和社会价值感知对农户费用型和资产型耕地质量保护措施有显著影响。基于以上分析，本书提出如下假设：

H7-7：内在感知显著正向影响农户绿色农业技术采纳行为。

7.1.6　内在感知在政府规制影响农户绿色农业技术采纳行为的中介作用

S-O-R 理论模型认为，刺激引起了人类的决策行为，这种刺激来自个体内部的生理、心理因素和外部环境，且心理认知是影响个体对外部环境做出行为反应的重要中介因素。绿色农业技术采纳行为实际上也是农户对农业技术服务的持续购买行为，作为理性经济人，农户是否采用某种绿色农业技术取决于对该技术的感知水平，由于受到长期经验积累所形成的认知水平、自身知识结构与信息不充分等因素的限制，农户无法在短期内对一项新的技术形成确切的认识和准确的评价，因此是否采用该技术会随着感知水平的调整而逐步提升。此时政府的政策支持、宣传推广、监督惩罚和奖励补贴等规制通过满足农户提高农业生产经济收入的实际需求，规范农户的行为，进而激发农户的自觉性、积极性和主观能动性，并将其内化为积极的心理感知，农户在衡量成本投入和经济收益后，将对该技术的采用是否满足其感知判断标准，而做出采纳决定。基于以上分析，本书提出如下假设：

H7-8：内在感知在政府规制影响农户绿色农业技术采纳行为中具有中介作用。

综上所述，本章试图将资源禀赋、政府规制、内在感知和农户绿色农业技术采纳行为纳入同一分析框架，检验人力资源禀赋、经济资源禀赋、社会资源禀赋、政府规制和内在感知对农户绿色农业技术采纳行为的直接作用路径，和政府规制通过内在感知影响农户绿色农业技术采纳行为的间接作用路径，其影响机理分析框架如图 7-1 所示。

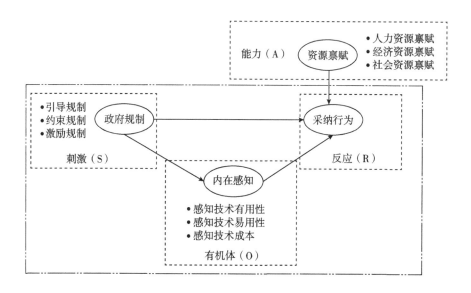

图 7-1　绿色农业技术采纳行为影响机理分析框架

7.2　变量设定与模型构建

7.2.1　变量设定

7.2.1.1　被解释变量

本章以"采纳了多少种绿色农业技术"作为被解释变量，并定义为有序离散变量，采纳 0 种的农户表示从不采纳，赋值为 1；采纳 1~2 种的农户表示偶尔采纳，赋值为 2；采纳 3~4 种的农户表示有时采纳，赋值为 3；采纳 5~6 种的农户表示经常采纳，赋值为 4；采纳 7~8 种的农户表示频繁采纳，赋值为 5。得分越高表示农户对绿色农业技术的采纳程度越高。同时从棉花种植的产前、产中和产后各选择一种绿色农业技术作为被解释变量进行分析，具体包括干播湿出技术、测土配方施肥技术和生物有机肥施用技术。通过"您对干播湿出技术的采纳程度如何""您对测土配方施肥技术的采纳程度如何""您对生物有机肥施用技术的采纳程度如何"3 个问题来衡量。参考牛善栋等（2021）的研究对农户行为的赋值，根据农户对每一种技术的采纳程度，采用李克特五级量表测量问题项，从"从不""偶尔""有时""经常""总是"分别赋值 1~5。

7.2.1.2 解释变量

参考黄晓慧（2019）、刘丽（2020）等相关研究，选取人力资源禀赋、经济资源禀赋、社会资源禀赋 3 个变量来衡量农户的资源禀赋。其中，人力资源禀赋包括农户的文化程度、身体健康状况、家中劳动力数量、种植经验 4 个指标；经济资源禀赋包括农地种植面积、家庭总收入、兼业情况 3 个指标；社会资本包括农户的社会地位、社会网络关系、农业组织化 3 个指标。选取引导规制、约束规制、激励规制 3 个维度来衡量政府规制。选取技术经济价值认知、技术生态价值认知、技术社会价值认知3 个维度来衡量技术认知。选取采纳意愿、推荐意愿、重复使用意愿和持续关注意愿 4 个维度的因子分析结果来度量技术采纳意愿。运用 SPSS 24.0 软件的探索性因子分析方法对技术采纳意愿四个原始指标进行降维处理，得到 Bartlett 球形检验 P 值为 0.000，KMO 值为 0.783，方差贡献率为 59.844%。其他解释变量采用第 5 章的测度方法进行计算。

7.2.1.3 中介变量

参照耿宇宁等（2017）、余威震等（2019）、苑甜甜等（2021）的研究，选取感知技术有用性、感知技术易用性、感知技术成本三个指标来衡量内在感知。通过"绿色农业技术可以提高农产品品质"来度量感知技术有用性，通过"绿色农业技术操作简单、容易上手"来度量感知技术易用性，通过"绿色农业技术可以降低生产成本"来度量感知技术成本。内在感知采用因子分析法进行测度，运用 SPSS 24.0 软件的探索性因子分析方法对 3 个原始指标进行降维处理，得到 Bartlett 球形检验 P 值为 0.000，KMO

值为 0.728，选用最大方差法进行因子旋转，抽取特征值大于 1 的公因子 1 个，方差贡献率为 78.602%，根据各因子得分和相应的方差贡献率，得到内在感知的综合指标值。解释变量的具体说明及赋值如表 7-1 所示。

表 7-1　绿色农业技术采纳行为影响机理的变量设定与描述性统计

变量类型		名称	变量说明及赋值	均值	标准差
被解释变量		采纳几种技术	您采纳了多少种绿色农业技术 0 种=1，1~2 种=2，3~4 种=3，5~6 种=4，7~8 种=5	2.79	1.265
		干播湿出技术采纳程度	您对干播湿出技术的采纳程度 从不=1，偶尔=2，有时=3，经常=4，总是=5	2.63	1.056
		测土配方施肥技术采纳程度	您对测土配方施肥技术的采纳程度（同上）	1.61	0.974
		生物有机肥施用技术采纳程度	您对生物有机肥施用技术的采纳程度（同上）	2.19	0.965
解释变量	人力资源禀赋	文化程度	没上过学=1，小学=2，初中=3，高中/中专=4，大专及以上=5	3.56	1.124
		身体健康状况	差=1，较差=2，一般=3，较好=4，很好=5	3.96	1.119
		劳动力数量	家庭棉花种植人数 1 人=1，2 人=2，3 人=3，4 人=4，5 人=5	1.615	0.693
		种植经验	从事棉花种植的年限 0~5 年=1，5~10 年=2，10~15 年=3，15~20 年=4，20 年以上=5	2.414	1.255
	经济资源禀赋	种植面积	农户实际耕种面积 0~30 亩=1，30~50 亩=2，50~80 亩=3，80~100 亩=4，100 亩以上=5	2.871	1.415
		家庭总收入	家庭年总收入 0~5 万=1，5 万~10 万=2，10 万~15 万=3，15 万~20 万=4，20 万以上=5	2.379	1.239
		兼业情况	是否兼业 是=1，否=0	0.44	0.497
	社会资源禀赋	社会地位	在本村（连队）的社会地位 村/连干部=1，普通村民=0	0.17	0.373
		社会网络关系	家庭成员或亲戚是否是连队或村委干部 是=1，否=0	0.25	0.436
		农业组织化	是否加入合作社 是=1，否=0	0.42	0.494

变量类型	名称		变量说明及赋值	均值	标准差
解释变量	政府规制	引导规制	政府对绿色农业技术的宣传推广力度 非常小=1，比较小=2，一般=3，比较大=4，非常大=5	3.457	1.087
		约束规制	政府对不采纳绿色农业技术的监督惩罚力度（同上）	3.440	1.129
		激励规制	政府对绿色农业技术的奖励补贴力度（同上）	3.420	1.128
	技术认知	经济价值认知	绿色农业技术可以增加农业收入 完全不赞同=1，比较不赞同=2，一般=3，比较赞同=4，完全赞同=5	3.616	1.013
		生态价值认知	绿色农业技术可以改善生态环境（同上）	3.728	1.115
		社会价值认知	绿色农业技术有利于农业农村发展（同上）	3.643	1.052
	采纳意愿	绿色农业技术采纳意愿	根据因子得分赋值	—	—
中介变量	内在感知	感知技术有用性	绿色农业技术可以提高农产品品质 完全不赞同=1，比较不赞同=2，一般=3，比较赞同=4，完全赞同=5	4.32	0.732
		感知技术易用性	绿色农业技术操作简单、容易上手（同上）	4.24	0.764
		感知技术成本	绿色农业技术可以降低生产成本（同上）	4.21	0.790
控制变量		性别	男=1，女=2	1.34	0.475
		年龄	18 岁以下=1，18~35 岁=2，36~45 岁=3，46~55 岁=4，55 岁以上=5	2.86	1.060
		民族	汉族=1，少数民族=0	0.58	0.493
		地区虚拟变量	种植地是否在兵团 是=1，否=0	0.56	0.497

7.2.1.4　控制变量

农户行为是受多方面影响的结果，为了控制其他变量的影响，选取性别、年龄、民族作为控制变量。此外，考虑到区域差异，还引入了地区虚拟变量：是否在兵团，以控制地区差异。

7.2.2　研究方法

参考温忠麟等（2005）的依次检验和 Sobel 检验，探讨在政府规制影响农户地膜回收意愿的过程中，感知价值发挥的中介作用。建立被解释变量 Y、自变量 X 和中介变量 M 三者之间的回归模型如下：

$$Y = cX + e_1 \qquad (7-1)$$

$$M = aX + e_2 \qquad (7-2)$$

$$Y = c'X + bM + e_3 \qquad (7-3)$$

首先，检验系数 c 的显著性，若不显著则停止分析，说明感知价值对政府规制在农户地膜回收的意愿影响中无中介效应。其次，若系数 c 显著，继续检验系数 a、b 的显著性，若均显著则需检验系数 c′是否显著，若系数 c′不显著，认为感知价值存在完全中介效应；否则，认为感知价值存在部分中介效应。最后，若系数 a、b 至少有一个不显著，需要进一步做 Sobel 检验，若 Sobel 检验显著，认为感知价值存在中介效应。

7.3 实证结果分析

7.3.1 绿色农业技术采纳行为的影响因素分析

如表 7-2 所示，人力资源禀赋对农户绿色农业技术采纳行为有显著正向影响，回归系数为 0.419，且在 1%的统计水平显著，H7-1 得到验证。人力资源禀赋是农户在知识、技能、经验等方面的素质和能力，是农户实施技术采纳行为的基础和保障。人力资源禀赋较高的农户更容易接受和理解新的技术知识，也能更好地理解技术的优势和缺陷，评估技术采纳的风险和收益，同时更容易创新和改进生产方式和技术，增强了农户在市场竞争中的优势和地位。因此，提高农户的人力资源禀赋是促进农户采纳绿色农业技术，推进农业技术进步和提高农业生产效益的重要手段。在人力资源禀赋中，文化程度、劳动力数量和种植经验均对农户绿色农业技术采纳行为有显著正向影响，回归系数分别为 0.119、0.290 和 0.112，且分别在 1%的统计水平显著。表明农户的文化程度越高，家里劳动力数量越多，种植经验越丰富，绿色农业技术的采纳种类就越多。

表 7-2 绿色农业技术采纳行为回归结果

变量	采纳几种技术（模型 1）	采纳几种技术（模型 2）
人力资源禀赋	0.419***（0.071）	
文化程度		0.119***（0.038）
身体健康状况		0.072（0.045）
劳动力数量		0.290***（0.060）
种植经验		0.112***（0.034）
经济资源禀赋	−0.341***（0.093）	
种植面积		−0.084**（0.033）
家庭总收入		0.019（0.034）
兼业情况		−0.273***（0.084）
社会资源禀赋	−0.479***（0.163）	
社会地位		−0.414***（0.126）
社会网络关系		−0.163*（0.095）
农业组织化		−0.043（0.084）
政府规制	0.174***（0.063）	
引导规制		0.055**（0.046）
约束规制		0.016（0.047）
激励规制		0.148***（0.046）
技术认知	0.576***（0.056）	
技术经济价值认知		0.192***（0.049）
技术生态价值认知		0.016（0.050）
技术社会价值认知		0.239***（0.052）
采纳意愿	0.278***（0.043）	
控制变量	已控制	已控制
F 值	324.877	336.448
P 值	0.000	0.000
McFadden R^2	0.128	0.132

注：括号内为 t 值；*、**、*** 分别表示在 10%、5%、1% 的统计水平上显著。下同。

经济资源禀赋对农户绿色农业技术采纳行为有显著负向影响，回归系数为-0.341，且在1%的统计水平显著，H7-2得到验证。可能的原因是，即使经济资源禀赋较高，但是如果缺乏相关的知识和信息，也会影响农户采纳绿色农业技术。这些农户可能更容易采取熟悉的农业生产方式，而忽略了绿色农业技术的优点和优势。一些经济资源禀赋高的农户可能对绿色农业技术的认知存在偏差，认为绿色农业技术无法满足高产高效的需求。这种认知偏差也会影响农户的采纳程度。一些经济资源禀赋高的农户如果所生产的农产品市场需求不高，他们可能更关注市场需求和效益，而忽略了绿色农业技术带来的生态和健康等方面的优势。这种情况下，他们不愿采纳绿色农业技术。这与黄晓慧（2019）的研究结果一致。在经济资源禀赋中种植面积和兼业情况对农户绿色农业技术采纳行为有显著负向影响，回归系数分别为-0.084和-0.273，且分别在5%和1%的统计水平显著，说明种植面积小的农户和非兼业农户采纳绿色农业技术的种类高于种植面积大的农户和兼业农户。

社会资源禀赋对农户绿色农业技术采纳行为有显著负向影响，回归系数为-0.479，且在1%的统计水平显著。在社会资源禀赋中社会地位和社会网络关系对农户绿色农业技术采纳行为有显著负向影响，回归系数分别为-0.414和-0.163，且分别在1%和10%的统计水平显著，说明普通农户采纳绿色农业技术的种类高于担任村干部的农户。

政府规制对农户绿色农业技术采纳行为有显著正向影响，回归系数为0.174，且在1%的统计水平显著，H7-4得到验证。政府规制可以提供农户所需的技术培训和知识普及，如提供技术专家指导、技术论坛、技术推广会等，以帮助农户更好地理解和掌握新技术。同时政府规制可以提供农户采纳绿色农业技术的经济激励措施，如提供补贴、贷款、税收减免等优惠政策，从而激发农户技术采纳的主动性和积极性。此外政府规制还可以加强市场监管和品质认证，以保障农产品的品质和安全，提高消费者对农产品的信任和认可，从而提高农户采纳新技术的积极性。因此，政府规制能够为农户采纳绿色农业技术提供必要的资源、知识和经济支持，帮助农户更好地应对市场需求和生产挑战，提高农业生产效益和农产品质量安全，促进农村经济发展和绿色发展。在政府规制中，引导规制和激励规制均对农户绿色农业技术采纳行为有显著正向影响，回归系数分别为 0.055 和 0.148，且分别在 5% 和 1% 的统计水平显著，说明政府的引导和激励规制越多，绿色农业技术的采纳种类就越多。

技术认知对农户绿色农业技术采纳行为有显著正向影响，回归系数为 0.576，且在 1% 的统计水平显著，H7-5 得到验证。技术认知水平较高的农户能够充分了解和认识绿色农业技术的优点和特点，更容易对技术产生兴趣和认可。同时也能够更好地理解绿色农业技术的原理和应用方法，更容易掌握和运用技术，从而增强了采纳技术的信心和自信心。此外技术认知水平较高的农户能够更快速地学习并应用绿色农业技术，从而提高农业生产效率和农产品质量，增强了农户在市场竞争中的优势和地位。因此，农户的技术认知水平越高，绿色农业技术采纳情况越好。在技术认知中技术经济价值认知和社会价值认知均对农户绿色农业技术采纳行为有显著正向影响，回归系数分别为 0.192 和 0.239，且分别在 1% 的统计水平显著，说明农户对绿色农业技术的经济价值认知和社会价值认知越高，绿色农业技术的采纳种类就越多。

采纳意愿对农户绿色农业技术采纳行为有显著正向影响，回归系数为 0.278，且在 1% 水平显著，H7-6 得到验证。采纳意愿强的农户更愿意了解和学习绿色农业技术的相关知识和信息，从而提高对绿色农业技术的认知水平，同时更容易认可和信任绿色农业技术所具备的优点和特点，从而更愿意采纳绿色农业技术，因此，提高农户的采纳意愿是促进绿色农业技术采纳行为的关键因素之一。

7.3.2　干播湿出技术采纳行为的影响因素分析

7.3.2.1　资源禀赋对农户干播湿出技术采纳行为的影响

表 7-3 模型 1 的结果显示，人力资源禀赋、社会资源禀赋对农户测

土配方施肥技术采纳程度系数分别为 0.141 和 0.760，分别在 5% 和 1% 的统计水平显著，表明人力资源禀赋、社会资源禀赋显著正向影响农户干播湿出技术采纳行为，H7-2、H7-3 得到验证。从模型 2 的回归结果可以看出：①在人力资源禀赋中，文化程度对农户干播湿出技术采纳行为有正向影响，且回归系数在 10% 的统计水平显著。表明农户的文化程度越高，干播湿出技术的采纳程度越高。劳动力数量对农户干播湿出技术采纳行为的回归系数为-0.151，且在 1% 的统计水平显著。可能的原因是，该技术依赖膜下滴灌技术，主要依靠厂商提供服务，且家庭劳动力越多越易于采用传统播种模式。种植经验对农户干播湿出技术采纳行为有正向影响，且回归系数在 5% 的统计水平显著。表明农户种植经验越丰富，干播湿出技术的采纳程度越高。②在经济资源禀赋中，种植面积对农户干播湿出技术采纳行为有正向影响，且回归系数在 1% 的统计水平显著。种植面积容易使农户获得技术采纳的规模经济效益，因此更倾向于采纳干播湿出技术。③在社会资源禀赋中，党员干部身份农户对干播湿出技术采纳行为高于非党员身份农户。党员干部由于自身觉悟较高，因此在接受约束规制的新技术时，较为拥护且先试先行的态度较高，因此采纳行为也较高。

表 7-3　干播湿出技术采纳行为回归结果

变量	干播湿出技术采纳程度（模型 1）	干播湿出技术采纳程度（模型 2）	干播湿出技术采纳程度（模型 3）	干播湿出技术采纳程度（模型 4）	内在感知（模型 5）	干播湿出技术采纳程度（模型 6）
人力资源禀赋	0.141** (0.064)					
文化程度		0.033* (0.038)				
身体健康状况		0.022 (0.034)				
劳动力数量		-0.151*** (0.056)				

续表

变量	干播湿出技术采纳程度（模型 1）	干播湿出技术采纳程度（模型 2）	干播湿出技术采纳程度（模型 3）	干播湿出技术采纳程度（模型 4）	内在感知（模型 5）	干播湿出技术采纳程度（模型 6）
种植经验		0.061 ** (0.031)				
经济资源禀赋	0.083 (0.084)					
种植面积		0.201 *** (0.030)				
家庭总收入		−0.041 (0.032)				
兼业情况		0.190 (0.076)				
社会资源禀赋	0.760 *** (0.146)					
社会地位		0.590 *** (0.111)				
社会网络关系		−0.076 (0.086)				
农业组织化		0.280 (0.077)				
政府规制			0.392 *** (0.042)		0.329 *** (0.040)	0.347 *** (0.043)
内在感知				0.082 ** (0.036)		0.137 *** (0.035)
控制变量	已控制	已控制	已控制	已控制	已控制	已控制
F 值	62.994	157.802	87.112	5.009	66.647	51.843
P 值	0.000	0.000	0.000	0.025	0.000	0.000
McFadden R^2	0.027	0.065	—	0.002	—	—
R^2	—	—	0.092	—	0.072	0.108
调整后的 R^2	—	—	0.091	—	0.071	0.106

7.3.2.2 政府规制对农户干播湿出技术采纳行为的影响

表7-3模型3的结果显示，政府规制对农户干播湿出技术采纳程度系数为0.392，且在1%的统计水平显著，表明政府规制显著正向影响农户干播湿出技术采纳行为，H7-4得到验证。政府通过引导、激励和约束机制的政府规制方式，推动了干播湿出采纳行为。

7.3.2.3 内在感知对农户干播湿出技术采纳行为的影响

表7-3模型4的结果显示，内在感知对农户干播湿出技术采纳程度系数为0.082，且在5%的统计水平显著，表明内在感知显著正向影响农户干播湿出技术采纳行为，H7-7得到验证。农户在使用绿色农业技术之前，在没有外界条件影响的情况下，会凭借自身感知对技术做出主观判断，当干播湿出技术带来的收益越大，技术的操作越简单，容易上手，技术耗费的成本越低时，农户认为通过较小的成本和简单的努力就可以获取技术，采纳的概率就会增加。

7.3.2.4 内在感知的中介作用

表7-3模型5的结果显示，加入中介变量内在感知后，政府规制对内在感知在1%的统计水平显著，回归系数为0.329。模型6结果显示，政府规制和内在感知同时放入模型时，对农户干播湿出技术采纳程度均在1%的统计水平显著，且系数均为正。表明内在感知在政府规制影响农户干播湿出技术采纳行为的中介效应成立，H7-8得到验证。政府的宣传推广补贴在一定程度上影响了农户对干播湿出技术的有用性、易用性和节约成本的感知力度，同时刺激了农户采纳该行为的主观能动性，因此提升了农户的干播湿出行为的采纳程度。

7.3.2.5 内在感知的中介作用检验

从表7-4中介作用检验结果可以看出，政府规制对农户干播湿出技术采纳行为的总效应为0.392，加入中介变量内在感知后，政府规制对农户干播湿出技术采纳行为依旧显著，直接效应为0.347，且中介效应的置信区间不包括0，说明内在感知发挥了部分中介作用，中介效应值为0.045，中介效应占比为11.506%。由此表明，政府规制不仅能够直接正向影响农户干播湿出技术采纳行为，还能通过加强农户的内在感知，提高农户绿色农业技术的参与度，促进农户采纳该技术。

表 7-4　干播湿出技术采纳行为中介作用检验结果

项目	c 总效应	a	b	a×b 中介 效应值	a×b (Boot SE)	a×b (z 值)	a×b (p 值)	a×b (95% BootCI)	c′ 直接 效应	检验 结论
政府规制 => 内在感知 => 干播湿出 技术采纳行为	0.392***	0.329***	0.137***	0.045	0.010	4.350	0.000	0.017~ 0.058	0.347***	部分 中介

7.3.3　测土配方施肥技术采纳行为的影响因素分析

7.3.3.1　资源禀赋对农户测土配方施肥技术采纳行为的影响

表 7-5 模型 1 的结果显示，经济资源禀赋、社会资源禀赋对农户测土配方施肥技术采纳程度系数分别为 0.427 和 0.331，且均在 1% 的统计水平显著，表明经济资源禀赋、社会资源禀赋显著正向影响农户测土配方施肥技术采纳行为，H7-2、H7-3 得到验证。从模型 2 的回归结果可以看出：①在人力资源禀赋中，文化程度对农户保测土配方施肥技术采纳行为有正向影响，且回归系数在 5% 的统计水平显著，表明农户的文化程度越高，测土配方施肥技术的采纳程度越高。劳动力数量对农户测土配方施肥技术采纳的回归系数为 -0.207，且在 1% 的统计水平显著。可能的原因是，在家庭农业劳动力数量一定的情况下，家庭劳动力越多，从事非农就业的劳动力数量也会增多，外出就业可能性较大，因此忽略了农业生产，降低了对测土配方施肥技术的采纳程度。种植经验对农户测土配方施肥技术采纳行为有正向影响，且回归系数在 10% 的统计水平显著，表明农户种植经验越丰富，测土配方施肥技术的采纳程度越高。②在经济资源禀赋中，种植面积对农户测土配方施肥技术采纳行为有正向影响，且回归系数在 1% 的统计水平上显著。农户的种植面积越大，投入的生产成本越高，

采纳测土配方施肥技术，不仅能改善土壤理化性状，增强土壤保水保肥能力，提高肥料利用率，还能够降低施肥成本，提高经济收入。同时，对改善农村环境卫生条件，进而改善生态环境也有积极作用。因此种植面积大的农户更倾向于采纳测土配方施肥技术。③在社会资源禀赋中，管理人员身份农户对测土配方施肥技术采纳行为高于非管理人员身份农户。管理人员由于自身觉悟较高，在接受约束规制的新技术时较为拥护且先试先行的态度较高，因此采纳行为也较高。

7.3.3.2 政府规制对农户测土配方施肥技术采纳行为的影响

表7-5模型3的结果显示，政府规制对农户测土配方施肥技术采纳程度系数为0.278，且在1%的统计水平显著，表明政府规制显著正向影响农户测土配方施肥技术采纳行为，H7-4得到验证。政府的推动力和号召力是对农户采纳测土配方施肥技术的物质与精神上的双重补偿，农户将更倾向于采纳测土配方施肥技术。

7.3.3.3 内在感知对测土配方施肥技术采纳行为的影响

表7-5模型4的结果显示，内在感知对农户测土配方施肥技术采纳程度系数为0.151，且在1%的统计水平显著，表明内在感知显著正向影响农户测土配方施肥技术采纳行为，H7-7得到验证。农户在使用绿色农业技术之前，在没有外界条件影响的情况下，会凭借自身感知对技术做出主观判断，当测土配方施肥技术带来的收益越大，技术的操作越简单，容易上手，技术耗费的成本越低时，农户认为通过较小的成本和简单的努力就可以获取技术，采纳的概率就会增加。

7.3.3.4 内在感知的中介作用

表7-5模型5的结果显示，加入中介变量内在感知后，政府规制对内在感知在1%的统计水平显著，回归系数为0.329。模型6的结果显示，政府规制和内在感知同时放入模型时，对农户测土配方施肥技术采纳程度均在1%的统计水平显著，且系数均为正。表明内在感知在政府规制影响农户测土配方施肥技术采纳行为的中介效应成立，H7-8得到验证。政府的宣传推广、奖励补贴和监督惩罚在一定程度上影响了农户

对测土配方施肥技术的有用性、易用性和节约成本的感知力度，同时刺激了农户采纳该行为的主观能动性，因此提升了农户的测土配方施肥技术采纳程度。

表 7-5　测土配方施肥技术采纳行为回归结果

变量	测土配方施肥技术采纳程度（模型 1）	测土配方施肥技术采纳程度（模型 2）	测土配方施肥技术采纳程度（模型 3）	测土配方施肥技术采纳程度（模型 4）	内在感知（模型 5）	测土配方施肥技术采纳程度（模型 6）
人力资源禀赋	0.000 (0.062)					
文化程度		0.084** (0.040)				
身体健康状况		0.055 (0.036)				
劳动力数量		-0.207*** (0.057)				
种植经验		0.055* (0.037)				
经济资源禀赋	0.427*** (0.083)					
种植面积		0.191*** (0.031)				
家庭总收入		0.008 (0.033)				
兼业情况		0.041 (0.077)				
社会资源禀赋	0.331*** (0.045)					

变量	测土配方施肥技术采纳程度（模型1）	测土配方施肥技术采纳程度（模型2）	测土配方施肥技术采纳程度（模型3）	测土配方施肥技术采纳程度（模型4）	内在感知（模型5）	测土配方施肥技术采纳程度（模型6）
社会地位		0.512*** (0.112)				
社会网络关系		-0.068 (0.089)				
农业组织化		0.057 (0.077)				
政府规制			0.278*** (0.040)		0.329*** (0.040)	0.225*** (0.041)
内在感知				0.151*** (0.036)		0.161*** (0.033)
控制变量	已控制	已控制	已控制	已控制	已控制	已控制
F值	74.187	171.857	49.413	16.949	66.647	37.198
P值	0.000	0.000	0.000	0.000	0.000	0.000
McFadden R^2	0.032	0.073	—	0.007	—	—
R^2	—	—	0.054	—	0.072	0.080
调整后的 R^2	—	—	0.053	—	0.071	0.077

7.3.3.5 内在感知的中介作用检验

从表7-6中介作用检验结果可以看出，政府规制对农户测土配方施肥技术采纳行为的总效应为0.278，加入中介变量内在感知后，政府规制对农户测土配方施肥技术采纳行为依旧显著，直接效应为0.225，且中介效应的置信区间不包括0，说明内在感知发挥了部分中介作用，中介效应值为0.053，中介效应占比为19.012%。由此表明，政府规制不仅能够直接正向影响农户测土配方施肥技术采纳行为，还能通过加强农户的内在感知，提高农户绿色农业技术的参与度，促进农户采纳该技术。

表 7-6　测土配方施肥技术采纳行为中介作用检验结果

项目	c 总效应	a	b	a×b 中介 效应值	a×b (Boot SE)	a×b (z 值)	a×b (p 值)	a×b (95% BootCI)	c′ 直接 效应	检验 结论
政府规制 => 内在感知 => 测土配方施肥 技术采纳行为	0.278 ***	0.329 ***	0.161 ***	0.053	0.011	4.961	0.000	0.024~ 0.065	0.225 ***	部分 中介

7.3.4　生物有机肥施用技术采纳行为的影响因素分析

7.3.4.1　资源禀赋对农户生物有机肥施用技术采纳行为的影响

表 7-7 模型 1 的数据显示，人力资源禀赋、经济资源禀赋和社会资源禀赋对农户生物有机肥施用技术采纳程度系数分别为 0.157、0.226 和 0.401，且分别在 5%、1% 和 1% 的统计水平显著，表明人力资源禀赋、经济资源禀赋和社会资源禀赋显著正向影响农户生物有机肥施用技术采纳行为，H7-1、H7-2、H7-3 得到验证。从模型 2 的回归结果可以看出：①在人力资源禀赋中，文化程度对农户生物有机肥施用技术采纳行为有正向影响，且回归系数在 10% 的统计水平显著，表明农户的文化程度越高，生物有机肥施用技术的采纳程度越高。劳动力数量对农户生物有机肥施用技术采纳行为的回归系数为 0.111，且在 10% 的统计水平显著，表明劳动力数量越多，农户生物有机肥施用技术采纳程度越高。家庭劳动力充足的农户，有更多的时间和精力投入到知识学习和田间管理上，且家庭收入的主要来源可能是农业生产，愿意投入更多、付出更多去经营好土地，因此绿色农业技术采纳程度更高。种植经验对农户生物有机肥施用技术采纳行为有正向影响，且回归系数在 1% 的统计水平显著，表明农户种植经验越丰富，生物有机肥施用技术的采纳程度越高。②在经济资源禀赋中，种植面积对农户生物有机肥施用技术采纳行为有正向影响，且回归系数在 1% 的统计水平显著。农户的种植面积越大，一方面，需要投入更多的劳动力、时间和精力，为了提高劳动效率，采纳生物有机肥施用技术越频繁；

另一方面，种植面积容易使农户获得技术采纳的规模经济效益，因此更倾向于采纳生物有机肥施用技术。兼业农户对生物有机肥施用技术采纳行为高于非兼业农户。一方面，兼业农户不仅可以获得农业生产经营收入还可以得到工业、服务业等发展利处，增加了农民收入；另一方面，农民在农村和城镇之间流动，有更多的时间到非农业部门工作，不仅会提高农户的农业机械化水平，还可以提高技艺、拓宽眼界、增长才干。因此，兼业农户在新技术采纳方面更为果断。③在社会资源禀赋中管理人员身份农户对生物有机肥施用技术采纳行为高于管理人员身份农户。管理人员由于自身觉悟较高，在接受约束规制的新技术时较为拥护且先试先行的态度较高，因此采纳行为也较高。加入合作社农户对生物有机肥施用技术采纳行为高于未加入合作社农户。合作社推广的"一对一"技术托管服务将覆盖棉花产业的种、管、收全过程，缓解了农户要素禀赋限制，提高了农户生物有机肥施用技术采纳行为。

7.3.4.2　政府规制对农户生物有机肥施用技术采纳行为的影响

表7-7模型3的数据显示，政府规制对农户生物有机肥施用技术采纳程度系数为0.342，且在1%的统计水平显著，表明政府规制显著正向影响农户生物有机肥施用技术采纳行为，H7-4得到验证。政府通过加强宣传，强化了农户对绿色农业技术的了解深度和对生态环境保护的重视程度，加快了信息的扩散速度，提高农民在技术、市场、管理等方面的信息获取能力和处理能力。政府通过培训示范、专家讲座、技术服务等多种形式，强化了农户对绿色农业技术产生的经济效益和生态效益的认知，降低了农户在技术采纳过程中的需要付出的时间、学习、信息搜寻等交易成本。政府通过财政补贴在一定程度上弥补了农户采纳绿色农业技术可能存在的成本损失和经济风险。因此，政府规制对农户采纳绿色农业技术有显著的促进作用。

7.3.4.3　内在感知对农户生物有机肥施用技术采纳行为的影响

根据表7-7模型4的数据显示，内在感知对农户生物有机肥施用技术采纳程度系数为0.126，且在1%的统计水平显著，表明内在感知显著正向影响农户生物有机肥施用技术采纳行为，H7-7 得到验证。农户在使用绿色农业技术之前，在没有外界条件影响的情况下会凭借自身感知对技术做出主观判断，当生物有机肥施用技术带来的收益越大，技术的操作越简单，容易上手，技术耗费的成本越低时，农户认为通过较小的成本和简单的努力就可以获取技术，采纳的概率就会增加。

7.3.4.4　内在感知的中介作用

表 7-7 模型 5 的数据显示，显示加入中介变量内在感知后，政府规制对内在感知在 1% 的统计水平显著，回归系数为 0.329。模型 6 结果显示，政府规制和内在感知同时放入模型时，对农户生物有机肥施用技术采纳行为均在 1% 的统计水平显著，且系数均为正。表明内在感知在政府规制影响农户生物有机肥施用技术采纳行为中的中介效应成立，H7-8 得到验证。政府的政策支持、宣传推广和刺激手段等在一定程度上降低了农户采用生物有机肥施用技术的边际成本，使农户充分认识到生物有机肥施用技术能够给棉花种植带来的长期经济效益，农户在衡量成本投入和经济收益后，提高了对采纳该技术的内在感知水平，最终提升了该技术的采纳行为。

表 7-7　生物有机肥施用技术采纳行为回归结果

变量	生物有机肥施用技术采纳程度（模型 1）	生物有机肥施用技术采纳程度（模型 2）	生物有机肥施用技术采纳程度（模型 3）	生物有机肥施用技术采纳程度（模型 4）	内在感知（模型 5）	生物有机肥施用技术采纳程度（模型 6）
人力资源禀赋	0.157** (0.063)					
文化程度		0.064* (0.038)				
身体健康状况		0.050 (0.034)				
劳动力数量		−0.111** (0.056)				

续表

变量	生物有机肥施用技术采纳程度（模型1）	生物有机肥施用技术采纳程度（模型2）	生物有机肥施用技术采纳程度（模型3）	生物有机肥施用技术采纳程度（模型4）	内在感知（模型5）	生物有机肥施用技术采纳程度（模型6）
种植经验		0.102*** (0.032)				
经济资源禀赋	0.226*** (0.083)					
种植面积		0.232*** (0.030)				
家庭总收入		−0.045 (0.032)				
兼业情况		0.173** (0.076)				
社会资源禀赋	0.401*** (0.046)					
社会地位		0.376*** (0.109)				
社会网络关系		−0.082 (0.086)				
农业组织化		0.190** (0.077)				
政府规制			0.342*** (0.040)		0.329*** (0.040)	0.297*** (0.041)
内在感知				0.126*** (0.036)		0.139*** (0.033)
控制变量	已控制	已控制	已控制	已控制	已控制	已控制
F值	88.346	148.725	74.778	11.935	66.647	46.934
P值	0.000	0.000	0.000	0.001	0.000	0.000
McFadden R^2	0.037	0.063	—	0.005	—	—
R^2	—	—	0.080	—	0.072	0.098
调整后的 R^2	—	—	0.079	—	0.071	0.096

7.3.4.5　内在感知的中介作用检验

从表 7-8 中介作用检验结果可以看出，政府规制对农户生物有机肥施用技术采纳行为的总效应为 0.342，加入中介变量内在感知后，政府规制对农户生物有机肥施用技术采纳行为依旧显著，直接效应为 0.297，且中介效应的置信区间不包括 0，说明内在感知发挥了部分中介作用，中介效应值为 0.046，中介效应占比为 13.386%。由此表明，政府规制不仅能够直接正向影响农户生物有机肥施用技术采纳行为，还能通过加强农户的内在感知，提高农户保护性耕作的参与度，促进农户采纳该技术。

表 7-8　生物有机肥施用技术采纳行为中介作用检验结果

项目	c 总效应	a	b	a×b 中介效应值	a×b (Boot SE)	a×b (z 值)	a×b (p 值)	a×b (95% BootCI)	c′ 直接效应	检验结论
政府规制=>内在感知=>生物有机肥施用技术采纳行为	0.342***	0.329***	0.139***	0.046	0.011	4.313	0.000	0.018~0.061	0.297***	部分中介

7.3.5　稳健性检验

表 7-2 中的模型 1 和模型 2 采用 Order-Probit 模型对影响农户绿色农业技术采纳种类的因素进行结果估计，为进一步检验上述实证分析结果的稳健性，通过更换计量模型的形式，在表 7-9 中的模型 3 和模型 4 采用 OLS 模型作为稳健性检。对比表 7-2 和表 7-9 的回归结果可以看出，OLS 模型和 Order-Probit 模型的估计结果，无论是显著性还是系数符号，均较为一致，说明回归结果具有较强的稳健性。

· 163 ·

表 7-9　绿色农业技术采纳行为回归结果的稳健性检验

变量	采纳几种技术（模型3）	采纳几种技术（模型4）
人力资源禀赋	0.544＊＊＊（0.086）	
文化程度		0.135＊＊＊（0.044）
身体健康状况		0.085（0.052）
劳动力数量		0.321＊＊＊（0.073）
种植经验		0.154＊＊＊（0.041）
经济资源禀赋	−0.387＊＊＊（0.113）	
种植面积		−0.063（0.041）
家庭总收入		0.011（0.042）
兼业情况		−0.332＊＊＊（0.099）
社会资源禀赋	−0.555＊＊＊（0.196）	
社会地位		−0.325＊＊（0.144）
社会网络关系		−0.240＊＊（0.133）
农业组织化		−0.112（0.099）
政府规制	0.235＊＊＊（0.075）	
引导规制		0.127＊＊（0.052）
约束规制		0.017（0.053）
激励规制		0.179＊＊＊（0.053）
技术认知	0.559＊＊＊（0.061）	
技术经济价值认知		0.215＊＊＊（0.055）
技术生态价值认知		0.023（0.057）
技术社会价值认知		0.249＊＊＊（0.060）
采纳意愿	0.209＊＊＊（0.052）	
控制变量	已控制	已控制
F 值	53.919	22.119
P 值	0.000	0.000
McFadden R^2	0.269	0.282

7.3.6　异质性分析

前文已经验证了人力资源禀赋、经济资源禀赋、社会资源禀赋、政府规制、技术认知和采纳意愿对农户绿色农业技术采纳种类产生了显著的影响。考虑到样本所属群体不同，资源禀赋条件也有所差异，可能造成结果的不一致，因此，为进一步探讨分析以上变量对农户技术采纳行为的影响，借鉴相关研究，将样本按照年龄进行分组。根据联合国世界卫生组织对全球人体素质和平均寿命的测定，将样本农户中年龄段在 45 岁以下的定义为"青年组农户"，将 45 岁（含）以上的定位为"中老年组农户"，运用 Probit 模型进行各群组的回归检验。如表 7-10 回归结果所示，以年龄进行划分后，青年农户 623 个，中老年农户 240 个，两组模型均通过了 1% 的显著性检验，McFadden R^2 方分别为 0.102，0.143，表明两个模型的整体拟合效果较好，模型具有较好的解释能力。具体分析如下。

表 7-10　不同年龄分组下农户绿色农业技术采纳行为回归结果

变量	采纳几种技术（青年组）	采纳几种技术（中老年组）
人力资源禀赋	0.188** (0.085)	0.556*** (0.132)
经济资源禀赋	-0.077 (0.104)	-0.213 (0.175)
社会资源禀赋	-0.403** (0.178)	-0.524* (0.302)
引导规制	0.237*** (0.052)	-0.001 (0.072)
约束规制	0.023 (0.052)	0.106 (0.081)
激励规制	0.189*** (0.050)	0.246*** (0.076)
技术经济价值认知	0.217*** (0.055)	-0.010 (0.085)
技术生态价值认知	0.018 (0.055)	0.031 (0.082)
技术社会价值认知	0.124** (0.049)	0.214** (0.089)
采纳意愿	0.067* (0.047)	0.136* (0.079)
控制变量	已控制	已控制
样本量	623	240
F 值	183.359	101.998

变量	采纳几种技术（青年组）	采纳几种技术（中老年组）
P 值	0.000	0.000
McFadden R^2	0.102	0.143

人力资源禀赋在青年组和中老年组对绿色农业技术采纳行为的影响中的回归系数为 0.188 和 0.556，且分别在 5% 和 1% 的水平显著。社会资源禀赋在青年组和中老年组对绿色农业技术采纳行为的影响中的回归系数为 -0.403 和 -0.524，且分别在 5% 和 10% 的水平显著。经济资源禀赋没有通过显著性检验。

政府规制中的引导规制在青年组对绿色农业技术采纳行为的影响中的回归系数为 0.237，且在 1% 的水平显著，在中老年组没有通过显著性检验。可能的原因是，相对于中老年农户，青年农户经验较少，更愿意接受政府的引导和规制，以提高自身的技术水平和农业生产效益。青年农户的环保意识相对较高，更重视农业生产对环境的影响，愿意采用更环保、更绿色的农业技术。随着消费者对健康、安全、环保等方面的需求日益提高，政府引导农户采用绿色农业技术也更符合市场需求，因此青年农户更容易接受。激励规制在青年组和中老年组对绿色农业技术采纳行为的影响中的回归系数分别为 0.189 和 0.246，且均在 1% 的水平显著。可能的原因是，相对于中老年农户，青年农户可能对政府的激励和规制反应相对较弱，更为关注自身经济利益，因此可能对这些政策的效果并不明显。约束规制在青年组和中老年组均没有通过显著性检验。

技术认知中的经济价值认知在青年组对绿色农业技术采纳行为的影响中的回归系数为 0.217，且在 1% 的水平显著，在中老年组没有通过显著性检验。可能的原因是，青年农户相对于中老年农户具有更强的革新精神和创新意识，青年农户接受过更多的教育和培训，具备更高的科学素养和信息化水平，能够更好地理解和接受绿色农业技术的经济价值，从而更容易采纳和应用这些技术。社会价值认知在青年组和中老年组对绿色农业技术采纳行为的影响中的回归系数分别为 0. 124 和 0. 214，且均在 5% 的水平显著。可能的原因是，青年农户相对于中老年农户社会经验和社会责任感相对较低，主观认知相对较为局限，对于绿色农业技术的重要性和价值的认知程度也相对较低，导致对于绿色农业技术的接受程度不高。生态价值认知在青年组和中老年组均没有通过显著性检验。

采纳意愿在青年组和中老年组对绿色农业技术采纳行为的影响中的回归系数为 0. 067 和 0. 136，且均在 10% 的水平显著。可能的原因是，青年农户知识和经验相对较少，可能对农业技术不够熟悉，也没有老年农户的传统经验和偏好，因此更容易受到外部环境的影响，如政策、市场需求等因素。

7.4　本章小结

本章利用新疆 33 个县（市）、团（农）场 863 户棉花种植农户的实地调研数据，运用 Ordinal-Probit 模型定量分析人力资源禀赋、经济资源禀赋、社会资源禀赋、政府规制、技术认知和采纳意愿对农户绿色农业技术采纳行为的影响。实证检验后得出以下主要结论：

第一，人力资源禀赋、政府规制、技术认知和采纳意愿对农户绿色农业技术采纳行为有显著正向影响，经济资源禀赋和社会资源禀赋对农户绿色农业技术采纳行为有显著负向影响。

第二，在干播湿出技术中人力资源禀赋和社会资源禀赋显著正向影响农户干播湿出技术采纳行为。其中，文化程度、种植经验、种植面积显著正向影响农户干播湿出技术采纳行为。劳动力数量显著负向影响农户干播湿出技术采纳行为。管理人员身份农户对干播湿出技术采纳行为更高。在测土配方施肥技术中经济资源禀赋和社会资源禀赋显著正向影响农户测土配方施肥技术采纳行为。其中，文化程度、种植经验、种植面积显著正向影响农户测土配方施肥技术采纳行为；劳动力数量显著负向影响农户测土配方施肥技术采纳行为；管理人员身份农户对测土配方施肥技术采纳行为较高。在生物有机肥施用技术中人力资源禀赋、经济资源禀赋和社会资源禀赋显著正向影响农户生物有机肥施用技术采纳行为。其中，文化程度、劳动力数量、种植经验、种植面积均显著正向影响农户生物有机肥施用技术采纳行为；兼业农户对生物有机肥施用技术采纳行为高于非兼业农户；管理人员身份农户对生物有机肥施用技术采纳行为更高；加入合作社农户对生物有机肥施用技术采纳行为更高。

第三，政府规制在1%的统计水平显著正向影响农户干播湿出技术、测土配方施肥技术和生物有机肥施用技术的采纳行为；即农户获取政府规制的正向刺激越多，越有可能采纳干播湿出技术、测土配方施肥技术和生物有机肥施用技术等绿色农业技术。

第四，内在感知在1%、1%和5%的统计水平显著正向影响农户干播湿出技术、测土配方施肥技术和生物有机肥施用技术的采纳行为，表明内在感知中感知有用性、感知易用性和感知技术成本是决定农户绿色农业技术采纳行为的关键因素。

第五，内在感知在政府规制影响农户干播湿出技术、测土配方施肥技术和生物有机肥施用技术的采纳行为中发挥了部分中介作用，中介效应占总效应的比重分别为13.386%、19.012%和11.506%。进一步证明了在S-O-R模型中外部刺激会通过作用于内在感知，从而影响农户干播湿出技术、测土配方施肥技术和生物有机肥施用技术等绿色农业技术采纳行为。

第六，通过更换计量模型，对回归结果进行稳健性检，结果表明无论是显著性还是系数符号，均较为一致，说明模型回归结果具有较强的稳健性。将样本农户按照年龄进行分组，进一步探讨分析变量对农户绿色农业技术采纳行为的影响。结果显示，人力资源禀赋对青年组和中老年组绿色农业技术采纳行为具有显著促进作用；社会资源禀赋对青年组和中老年组绿色农业技术采纳行为具有显著抑制作用；政府引导规制对青年组绿色农业技术采纳行为具有显著促进作用；政府激励规制对青年组和中老年组绿色农业技术采纳行为具有显著促进作用。经济价值认知对青年组绿色农业技术采纳行为具有显著促进作用；社会价值认知对青年组和中老年组绿色农业技术采纳行为具有显著促进作用；采纳意愿对青年组和中老年组绿色农业技术采纳行为具有显著促进作用。

第8章 农户地膜回收行为影响分析

　　地膜污染是当前制约农业发展全面绿色转型的一个难题，地膜覆盖因其成本低、使用方便、增产幅度大，在农业生产中被广泛推广应用，特别是在棉花生产中已达到100%的覆盖率。2021年，新疆农用塑料薄膜使用量为26.15万吨，地膜使用量为24.04万吨，地膜覆盖面积为3606.23×10³公顷。新疆棉田地膜平均残留量在260千克/公顷以上，棉花地膜使用量和覆盖量常年稳居全国榜首，地膜平均残留量是全国农田的4倍多。地膜因其降解时间长、机械回收不彻底、人工回收成本高等原因，导致农田残留地膜污染日趋严重。残膜处理回收不彻底会对土壤环境产生严重的危害，不仅削弱了耕地的抗旱能力，还会引起土壤次生盐碱化，甚至抑制作物生长发育。地面露头残膜与牧草收在一起，牲畜误食残膜后，阻隔食道，影响消化甚至导致死亡。因此，选择新疆棉花地膜回收绿色农业技术为例，分析农户的绿色农业技术采纳机制，具有一定的代表性。

　　近年来，中央和地方政府相继出台了《农膜回收行动方案》《地膜科学使用回收试点技术指导意见》《新疆维吾尔自治区农田地膜管理条例》等一系列政策文件，以推进农田地膜污染综合治理。由于地膜污染的生态环境公共物品属性，且农膜残留面源污染治理投资大、见效慢、农户期望价值滞后性等原因，导致农户参与积极性不高，环境规制政策失灵，造成"公地悲剧"。《中华人民共和国固体废物污染环境防治法》提出，到"十四五"末农膜回收率要达到85%以上，目前来看，距离此目标还有较大

的差距。农户是农业生产经营主体，是农业技术采用的初始决策者和最终
实施者，地膜回收的效果如何，取决于农户的采纳意愿和行为决策。如何
调动农户参与地膜回收行动的积极性和主动性，对相关政策的有效实施至
关重要，对促进农业绿色高质量发展意义重大。

学者们对农户地膜回收影响因素进行了大量的研究和深层次分析，其
影响因素是复杂且多元的，现有研究主要集中在以下几个方面：①农户资
源禀赋。在农户个体特征中年龄、文化程度、种棉年限均能显著影响棉农
残膜回收行为（王彦发和马琼，2019）；在家庭特征中家庭总收入（郑兆
峰等，2020）、播种面积（郑兆峰等，2021）对农户地膜回收具有正向影
响；在社会特征中对家人的信任、处罚的合理程度是影响棉农补偿意愿的
关键因素（刘洋等，2020）。②内部因素。社会规范（侯林岐等，2019）、
生态认知（王太祥等，2021）能显著正向影响农户地膜回收意愿或行为，
非正式社会支持可以部分替代环境规制的作用，助推农户地膜回收行为
（王太祥等，2020）。③外部因素。废旧地膜使用和回收过程中可能存在
市场失灵现象，仅靠市场机制难以解决"白色污染"，地膜残留显现的外
部性问题依赖于政府的政策干预（王莉等，2018；刘帅等，2018）。政府
对农膜回收的示范程度、处罚合理程度以及经济奖励合理性是影响农户地
膜回收行为的重要因素（周孟亮等，2020）。农户既是"经济人"也是
"社会人"，在双重身份的共同作用下，农户农业生产行为更趋理性（朱
新华和蔡俊，2016）。

通过以上研究成果可以发现，学者们从不同视角分析探讨了农户地膜
回收意愿及行为的影响因素，其成果不仅可以有效诠释农户技术选择行为
的作用机理，还能阐释其内在规律，具有一定的借鉴意义。但仍然可以进
行以下扩展：一是现有文献多采用二元选择模型分析农户地膜回收意愿或
者行为，而对该技术采纳意愿程度的行为选择研究不足。二是大部分文献
只探究了影响地膜回收行为的直接效应，或是双变量影响地膜回收意愿的
交互效应，关于政府规制对农户地膜回收意愿及行为的影响及作用机制缺
乏深入研究。鉴于此，本章基于计划行为理论和感知价值理论，以新疆

863 户棉花种植农户为研究对象，构建有调节的中介效应模型和中介效应模型，从强制模式和内化模式两条路径探究政府规制对农户地膜回收意愿和行为的影响及作用机制，以期为解决农户地膜回收难题提供一个独特的思路。

8.1 理论分析与研究假设

8.1.1 政府规制对农户地膜回收意愿的直接作用

政府规制是指政府凭借其法定权力对社会经济主体的经济活动所施加的某种限制和约束。参考相关文献，可将政府规制对农户地膜回收意愿产生的影响分为以下三个维度：一是激励规制。政府提供的物质补贴、经济奖励等各种形式财政投入，降低了农户地膜回收的边际成本，增加了相关收益，地膜回收的正外部性内部化，弥补了市场失灵，修正了市场机制缺陷，提高了资源配置效率。二是约束规制。地膜回收问题实际上是地膜丢弃外部性与农户"经济人"理性行为的对立，政府规制必定是通过严格的法律法规，如地膜生产标准、不及时回收惩罚等，以直接遏制其负外部性影响（盖豪等，2020）。三是引导规制。除生产成本外，农户还需要付出技术学习成本、时间成本、信息搜寻成本等（罗岚等，2021）。政府通过一系列引导机制，如宣传培训、组织专家技术服务等，加强技术信息的扩散速度，提高地膜回收意愿。基于以上分析，本书提出如下假设：

H8-1：政府规制显著正向影响农户地膜回收意愿。

8.1.2 感知价值在政府规制影响农户地膜回收意愿中的中介作用

Zeithaml（1988）最早提出感知价值的概念，它是指顾客在权衡感知利益和为产品或服务所付出成本后的综合评价。近年来，感知价值理论逐渐被应用于农业经济领域，用来分析农户意愿和行为的影响因素（杨福霞和郑欣，2021）。本章在借鉴 Sharifzadeh（2017）、牛善栋等（2021）的研究基础上，结合地膜回收技术特质和实际情况，将感知价值划分为感知经济价值、感知环境价值、感知社会价值三个维度。政府规制在对农户地膜回收意愿产生直接影响的同时，还通过改变农户的生产心理、内部动机等，间接作用于农户感知价值。农户的地膜回收行为实际上也属于对农业技术服务的持续购买行为，作为理性经济人，在衡量成本投入和经济收益后，农户将做出判断。政府通过价格补贴、约束惩罚等措施，影响着农户对技术采纳的判断标准，作为追求收益最大化的个体，当地膜回收能够带来明显收益时，农户会主动采纳该技术。从感知环境价值来看，通过政府宣传、培训、引导等措施，农户对生态环境保护意识有了进一步提高，在追求利益最大化的同时也会考虑不回收地膜对生态环境造成的严重危害。政府对农户有关地膜回收的优惠政策、技术支持、便民服务等，不仅推进了技术进步，提高了农业机械化水平，弥补了家庭禀赋中缺乏劳动力的现状，也改善了人居生活环境，促进了农村整体文明进步，提高了农户的满意度。因此，农户社会价值感提升，从而对地膜回收意愿有积极影响。基于以上分析，本书提出如下假设：

H8-2：感知价值在政府规制影响农户地膜回收意愿中具有中介作用。

8.1.3 信息获取能力在感知价值影响农户地膜回收意愿中的调节效应

信息是农业生产经营者减少不确定性的主要影响因素，信息的传递能够有效降低农户逆向选择的概率（高杨和牛子恒，2019）。信息不对称导致农户对农业市场、农业技术和农业信息的掌握程度不同，可能会做出有偏的行为决策（乔丹等，2017）。有研究表明，信息获取的数量和质量是促进农膜回收行为的重要因素（张文娥等，2022）。高信息获取能力意味着低信息获取成本，对塑造农户的政策认知具有正向影响作用（安芳等，2022），信息获取能力在一定程度上提高了农户对地膜使用标准、地膜违规回收惩罚等政策认知和经济价值感知。信息获取能力的提高有助于提升农户生态环境保护和农业可持续发展意识，进而提升其对地膜回收的环境价值感知。农户是接收信息的弱势群体，信息渠道匮乏使得信息失真度升高（陈雨生等，2016）。信息获取能够降低信息搜寻成本、技术学习成本和信息不对称的可能性（石志恒和符越，2022）。高信息获取能力可以缓解新技术采纳的要素禀赋约束，进而对新技术采纳和政府提供的专业服务产生积极影响，从而提升地膜回收的社会价值感知，促进地膜回收意愿和行为。基于以上分析，本书提出如下假设：

H8-3：信息获取能力在感知价值影响农户地膜回收意愿中发挥正向调节效应。

8.1.4 地膜回收行为的影响机制

环境是典型的外部性问题，在实际生产经营过程中，如果农户进行地膜回收的成本远远大于其产生的直接效益，那么农户进行地膜回收的动力就会明显不足，地膜回收工作的推进也会增加难度。因此，需要政府规制等正式制度加以辅助。政府通过激励机制对实施地膜回收行为的农户进行经济或物质补贴；通过约束规制对地膜不回收等违规行为进行监督处罚；通过引导机制加强对废旧地膜回收重要性的宣传，提升农户的技术认知水平和生态保护意识。通过政府规制的外部刺激，农户地膜回收行为得到了明显提升。同时，政府规制能够通过影响农户地膜回收意愿进而影响农户的地膜回收行为。基于以上分析，本书提出如下假设：

H8-4：政府规制显著正向影响农户地膜回收行为。

H8-5：农户地膜回收意愿显著正向影响地膜回收行为。

H8-6：采纳意愿在政府规制影响农户地膜回收行为中具有中介作用。

综上所述，本书试图将政府规制、感知价值、信息获取能力和农户地膜回收意愿、地膜回收行为纳入同一分析框架，检验政府规制对地膜回收意愿和行为的直接作用路径，政府规制通过感知价值影响农户地膜回收意愿的间接作用路径，以及政府规制通过采纳意愿影响农户地膜回收行为的间接作用路径，同时探讨信息获取能力在感知价值影响农户地膜回收意愿过程中是否具有调节作用，其影响路径及作用机制如图 8-1 所示。

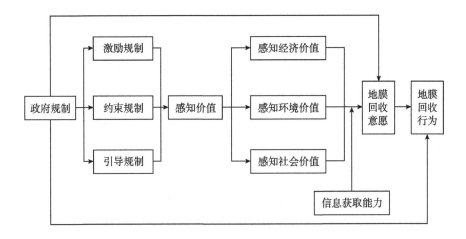

图 8-1　农户地膜回收行为影响的作用机制

8.2　变量设定与模型构建

8.2.1　变量设定

8.2.1.1　被解释变量

本章中的被解释变量通过设置"您主动参与地膜回收行动的意愿如何"问题来度量采纳意愿，采用李克特五级量表，选项从"非常不愿意"到"非常愿意"，分别赋值 1~5。通过设置"您在棉花种植过程中是否进行地膜回收"问题来度量采纳行为，进行回收赋值"1"，不进行回收赋值"0"。

8.2.1.2　解释变量

参考借鉴已有关于政府规制测度的方法，结合地膜回收实际情况，选取激励规制、约束规制、引导规制 3 个维度来测量政府规制。通过"政府对废旧地膜回收的财政经济补贴力度"来度量激励规制,通过"政府对不按照规定回收地膜的惩罚力度"来度量约束规制,通过"政府对地膜回收的宣传教育和技术培训"来度量引导规制。以上问题均采用李克特五级量表进行测度。运用 SPSS 24.0 软件的探索性因子分析方法对 3 个原始指标进行降维处理,得到 Bartlett 球形检验 P 值为 0.000,KMO 值为 0.691,选用最大方差法进行因子旋转,抽取特征值大于 1 的公因子 1 个,方差贡献率为 66.607%,根据各因子得分和相应的方差贡献率,得到政府规制的综合指标值。

8.2.1.3 中介变量

采用感知收益层面的价值,即感知经济价值、感知环境价值、感知社会价值 3 个维度来测量感知价值,通过"您认为地膜回收可以提高产量""您认为地膜回收可以改善生态环境"和"您认为地膜回收可以提升人居健康水平"3 个问题来衡量。选项从"非常不赞同"到"非常赞同",分别赋值 1~5。对感知价值对应的 3 个问题进行信度和效度检验,采用同样的方法,得到 Bartlett 球形检验 P 值为 0.000,KMO 值为 0.641,提取出 1 个公因子,方差贡献率为 58.971%,通过计算得到感知价值的综合指标值。根据以上研究设计,具体多维原始指标如表 8-1 所示。

表 8-1 探索性因子分析的原始指标

综合指标	原始指标	指标含义	荷载
政府规制	激励规制	政府对废旧地膜回收的财政经济补贴力度 非常小=1,比较小=2,一般=3,比较大=4,非常大=5	0.822
	约束规制	政府对不按照规定回收地膜的惩罚力度:赋值同上	0.820
	引导规制	政府对地膜回收的宣传教育和技术培训:赋值同上	0.806
感知价值	感知社会价值	地膜回收可以提升人居健康水平 非常不赞同=1,不太赞同=2,不确定=3,比较赞同=4,非常赞同=5	0.800
	感知经济价值	地膜回收可以提高产量:赋值同上	0.793
	感知环境价值	地膜回收可以改善生态环境:赋值同上	0.707

8.2.1.4　调节变量

选取信息获取能力作为调节变量，以检验农户感知价值对地膜回收意愿的影响是否因信息获取能力高低而有所差异。参考安芳等（2022）的研究，通过设置问题"我能够容易且及时地获取所需要信息"指标进行测度。答案同样采用李克特五分量表进行测度。

8.2.1.5　控制变量

农户决策行为是受多方面影响的结果，通常认为农户个体特征、家庭特征、社会特征会影响农户技术采纳行为。本章选取农户个人特征，包括年龄、文化程度、健康状况；家庭特征，包括是否户主、是否加入合作社；社会特征，是否为村干部、是否兼业作为控制变量。此外，考虑到区域差异，还引入了地区虚拟变量：是否在兵团，以控制地区差异。

本章变量选取及描述性统计如表 8-2 所示。

表 8-2　农户地膜回收行为影响的变量选取及描述性统计

变量类型	名称		变量说明及赋值	均值	标准差
被解释变量	地膜回收意愿		主动参与地膜回收行动的意愿 非常不愿意=1，不太愿意=2，不确定=3，比较愿意=4，非常愿意=5	3.83	1.044
	地膜回收行为		您在棉花种植过程中是否进行地膜回收 是=1，否=0	0.80	0.401
解释变量	政府规制	激励规制	根据因子得分综合值计算	3.68	1.081
		约束规制		3.61	1.150
		引导规制		3.58	1.190
中介变量	感知价值	感知经济价值	根据因子得分综合值计算	3.60	1.125
		感知环境价值		3.77	1.108
		感知社会价值		3.82	1.142
调节变量	信息获取能力	信息获取能力	能够容易且及时地获取所需要的信息 非常不赞同=1，不太赞同=2，不确定=3，比较赞同=4，非常赞同=5	3.81	1.114
控制变量	个体特征	年龄	18岁以下=1，18~35岁=2，36~45岁=3，46~55岁=4，55岁以上=5	2.86	1.060
		文化程度	没上过学=1，小学=2，初中=3，高中/中专=4，大专及以上=5	3.56	1.124
		健康状况	差=1，较差=2，一般=3，较好=4，很好=5	3.96	1.119

变量类型		名称	变量说明及赋值	均值	标准差
控制变量	家庭特征	是否户主	是=1，否=0	0.52	0.500
		是否加入合作社	是=1，否=0	0.42	0.494
	社会特征	是否为管理人员	家庭成员或亲戚是否是管理人员 是=1，否=0	0.25	0.436
		是否兼业	是=1，否=0	0.44	0.497
	地区虚拟变量	地区	种植地是否在兵团 是=1，否=0	0.56	0.497

8.2.2　模型构建

8.2.2.1　Ordered Logit 模型

被解释变量是农户主动参与地膜回收行动的意愿，其答案选项是有序多分类变量，因此采用 Ordered Logit 模型来估计政府规制对农户地膜回收意愿的影响，参考赵秋倩和夏显力（2020）回归模型方法，具体模型设定如下：

$$y_k^* = X'_k\beta + \varepsilon_k \tag{8-1}$$

式中，y_k^* 表示不可观测的变量，X'_k 表示可能对农户地膜回收意愿产生影响的变量，β 表示待估系数，ε_k 表示服从逻辑分布的随机扰动项。根据可观测的农户地膜回收意愿 y 和不可观测的潜变量 y^* 之间的关系，得到以下模型的数学表达式：

$$p = P(y \leq s \mid X) = 1 - p(y > s \mid X) = \frac{e^{X'_k\beta}}{1 + e^{X'_k\beta}} (s=1, 2, \cdots r-1) \tag{8-2}$$

对式（8-2）进行整理可得：

$$\ln\left(\frac{p}{1-p}\right) = X'_k\beta \tag{8-3}$$

由式（8-3）可知，$\ln\left(\frac{p}{1-p}\right)$ 为 X'_k 的线性函数。

8.2.2.2　中介效应检验

参考温忠麟等（2004）的依次检验和 Sobel 检验，探讨在政府规制影响农户地膜回收意愿的过程中感知价值发挥的中介作用。建立被解释变量 Y、自变量 X 和中介变量 M 三者之间的回归模型如下：

$$Y = cX + e_1 \tag{8-4}$$

$$M = aX + e_2 \tag{8-5}$$

$$Y = c'X + bM + e_3 \tag{8-6}$$

式中，首先，检验系数 c 的显著性，若不显著则停止分析，说明感知价值对政府规制在农户地膜回收的意愿影响中无中介效应。其次，若系数 c 显著，继续检验系数 a、b 的显著性，若均显著则需检验系数 c' 是否显著，若系数 c' 不显著，认为感知价值存在完全中介效应；否则，认为感知价值存在部分中介效应。最后，若系数 a、b 至少有一个不显著，需要进一步做 Sobel 检验，若 Sobel 检验显著，认为感知价值存在中介效应。

8.2.2.3　有调节的中介效应检验方法

采用基于 Bootstrap 的有调节中介作用检验方法（Preacher et al.，2007），探讨在政府规制影响农户地膜回收意愿的过程中，信息获取能力发挥的调节作用。具体模型设定如下：

$$Y_i = cX + \mu_1 \tag{8-7}$$

$$M = aX + \mu_2 \tag{8-8}$$

$$Y_i = c'X + bM + dI + eM * I + \mu_3 \tag{8-9}$$

式中，Y 表示被解释变量，X 表示解释变量，M 表示中介变量，I 表示调节变量，a、b、c、c'、d 和 e 均为待估计参数，μ_1、μ_2、μ_3 均为随机误差项。式（8-7）表示政府规制对农户地膜回收的总影响，式（8-8）表示政府规制对中介变量感知价值的影响，式（8-9）表示政府规制通过信息获取能力调节农户感知价值对地膜回收意愿的间接影响。进一步借鉴温忠麟等（2005）的研究，验证信息获取能力作为调节变量时模型的稳健性。考虑到自变量和调节变量均为连续变量，用两者乘积项进行层次回归检验，分析感知价值与信息获取能力的交互作用，即检验信息获取能力能否作为调节变量改变感知价值对农户地膜回收意愿的影响。

8.3　实证结果分析

8.3.1　基准回归结果分析

借助逐步回归的思想，逐步引入解释变量和控制变量，进行基准回归。表8-3中的模型1仅加入了解释变量；模型2引入了控制变量；模型3作为稳健性检验。通过表8-3的数据显示，Order Logit 和 Order Probit 模型的估计结果较为一致，说明回归结果具有较强的稳健性。政府规制变量在1%的统计水平显著，且回归系数为正，表明政府规制显著正向影响农户地膜回收意愿，故 H8-1 得到验证。"政府规制→地膜回收意愿"这一作用路径成立，这也与实地走访调研访谈结果一致。首先，政府通过宣传废旧地膜回收的重要性及防止"白色污染"的紧迫性等，提升了农户以及各类农业经营主体的环保意识和大局意识，同时提升了对废旧地膜回收的技术认知。其次，通过各种渠道宣传地膜补贴政策，国家推广使用标准地膜厚度，普及环境保护法律知识等，来激励和约束农户的地膜回收行为。另外，通过积极组织会议培训、观摩学习、示范应用等活动，加强宣传并引导农户主动参与地膜回收行动。

在表8-3模型2和模型3的控制变量中，是否户主和地区对农户地膜回收意愿通过了显著性检验。户主的家庭责任感和社会责任感以及风险承受能力都高于普通家庭成员，因而对地膜回收具有较高的认同。兵团农户较自治区农户来说，地膜回收意愿更为强烈，这与兵团长期以来农业规模化的生产经营方式密不可分。年龄、文化程度、健康状况、是否加入合作社、是否为管理人员以及是否兼业未能通过显著性检验。

表 8-3 政府规制对农户地膜回收意愿的影响

变量	模型 1 Order Logit		模型 2 Order Logit		模型 3 Order Probit	
	系数	标准误	系数	标准误	系数	标准误
政府规制	1.202***	0.077	1.185***	0.080	0.629***	0.042
年龄			-0.101	0.065	-0.055	0.038
文化程度			0.035	0.062	0.003	0.036
健康状况			-0.012	0.064	-0.003	0.037
是否户主			0.515***	0.132	0.314***	0.076
是否加入合作社			0.083	0.136	0.034	0.078
是否为管理人员			0.072	0.156	0.022	0.090
是否兼业			-0.105	0.134	-0.043	0.077
地区			0.517***	0.137	0.318***	0.079
样本数量	863		863		863	
LR chi2	280.930		313.954		299.153	
P 值	0.000		0.000		0.000	
Pseudo R^2	0.122		0.136		0.130	

注：＊、＊＊、＊＊＊分别表示在 10%、5%、1%的统计水平上显著。下同。

8.3.2 作用机制分析

如前文理论分析，政府规制可能会改变农户感知价值，进而影响其地膜回收意愿。基于此，为进一步探究政府规制影响农户地膜回收意愿的内在作用机理，采用偏差校正的非参数百分位 Bootstrap 方法检验"政府规制→感知价值→地膜回收意愿"这一作用路径。使用 SPSS23.0 软件，运用 Hayes 编制的 Process 宏插件进行分析，使用 Model 4，在 95% 的置信区间重复抽样 5000 次。结果如表 8-4 所示，政府规制对农户感知价值有显著正向影响（0.425）。政府规制（激励、约束、引导）的有效性和规范性越高，潜移默化影响农户的感知价值（经济、环境、社会）越有效果，对提升农户生态环境保护行为的促进作用越高。将政府规制与感知价值一同放入模型时，政府规制对地膜回收意愿有显著正向影响（0.398），感知价值对地膜回收意愿有显著正向影响（0.167）。当政府规制发挥积极有效的干预作用时，农户对技术有用性、政策有利性、价值有益性以及生态环境可持续性的感知价值相对较高，因此更愿意积极主动加入地膜回收行动中来。

表 8-4　感知价值的中介效应分析

被解释变量	解释变量	系数	标准差	95%的置信区间	
				Boot CI 下限	Boot CI 上限
感知价值					
	政府规制	0.425***	0.030	0.367	0.483
	控制变量	已控制			
地膜回收意愿					
	政府规制	0.398***	0.037	0.325	0.470
	感知价值	0.167***	0.038	0.092	0.243
	控制变量	已控制			

　　如表 8-5 所示，政府规制影响农户地膜回收意愿的总效应为 0.469（CI=[0.403，0.534]），置信区间不包含 0。说明政府规制正向影响农户地膜回收意愿的直接效应成立，故 H8-1 得到再次验证。政府规制通过感知价值影响农户地膜回收意愿的间接效应为 0.071（CI=[0.033，0.109]），置信区间不包含 0，说明感知价值在政府规制对地膜回收意愿影响中发挥了中介作用，故 H8-2 得到验证。在控制了中介变量感知价值后，政府规制对农户地膜回收意愿的直接作用依旧显著，直接效应为 0.398（CI=[0.325，0.470]），置信区间不包含 0，说明感知价值作为中介变量发挥了部分中介作用，该中介效应占政府规制对农户地膜回收意愿总效应的 15.14%。由此表明，政府规制不仅能够直接正向影响农户地膜回收意愿，还能通过加强农户的感知价值，提高农户地膜回收的参与度，促进农户地膜回收意愿。亦说明提升感知价值是政府规制影响地膜回收意愿的重要路径。

表 8-5　总效应、直接效应和间接效应分析结果

效应	系数	标准差	95%的置信区间	
			Boot CI 下限	Boot CI 上限
总效应	0.469	0.034	0.403	0.534
直接效应	0.398	0.037	0.325	0.470
间接效应	0.071	0.020	0.033	0.109

通过以上分析，验证了政府规制对农户地膜回收意愿的作用路径，揭示了政府规制通过以下两条路径影响农户的地膜回收意愿：一是直接路径，即政府规制直接影响农户地膜回收意愿；二是间接路径，即政府规制通过感知价值间接影响农户地膜回收意愿。

8.3.3　作用机制稳健性检验

为了检验作用机制的稳健性，考虑到不同年龄的农户在政府规制、感知价值上可能存在差异，并且这种差异可能影响农户地膜回收的意愿。根据联合国世界卫生组织对全球人体素质和平均寿命的测定，将样本农户中年龄段在 45 岁以下的定义为"青年组农户"，将 45 岁（含）以上的定位为"中老年组农户"，运用分组回归方法对上述研究进行稳健性检验，得出如表 8-6 所示的估计结果。通过计算得出，青年组农户感知价值的中介效应大小为 $0.455 \times 0.133 \div 0.499 = 12.13\%$；中老年组农户感知价值的中介效应为 $0.388 \times 0.373 \div 0.415 = 34.87\%$。从表 8-6 结果可以看出，无论是对于青年组农户还是中老年组农户，政府规制、感知价值对农户地膜回收意愿均有显著影响，且作用方向、显著性情况与前文结果比较一致。这说明政府规制对农户地膜回收意愿的直接影响和间接影响的前述研究结果较为稳健。

表 8-6　作用机制稳健性检验的回归结果

变量	模型 4 青年组农户			模型 5 中老年组农户		
	地膜回收意愿	感知价值	地膜回收意愿	地膜回收意愿	感知价值	地膜回收意愿
政府规制	0.499*** (0.041)	0.455*** (0.037)	0.439*** (0.046)	0.415*** (0.059)	0.388*** (0.048)	0.270*** (0.064)
感知价值			0.133*** (0.044)			0.373*** (0.077)
控制变量	已控制			已控制		
样本量	623			240		
R^2	0.277	0.367	0.288	0.290	0.449	0.355
F 值	29.432	44.404	27.501	11.773	23.502	14.051
P 值	0.000	0.000	0.000	0.000	0.000	0.000

注：括号内为 t 值。下同。

8.3.4　信息获取能力的调节作用

鉴于农户感知价值在政府规制对地膜回收意愿的影响中存在中介效应，有必要继续探讨中介效应是否还受到其他因素的影响，便于明晰中介效应发挥的边界条件。因此，采用 Process 中的 Model14 对有调节的中介效应进行研究，在 Bootstrap 方法中以调节变量信息获取能力的均值加减一个标准差作为分组标准，得到低、中、高三个分组，通过感知价值中介作用下的系数来判断调节变量的显著性。如表 8-7 所示，感知价值的中介作用因信息获取能力的不同而有所差异，低信息获取能力组（M-SD）、均值组（M）、高信息获取能力组（M+SD）的 Bootstrap95% 置信区间分别为（CI=[-0.132，-0.013]）、（CI=[0.009，0.094]）、（CI=[0.122，0.231]），均不包含 0，且 Index=0.110，置信区间不包含 0，说明信息获取能力在感知价值影响农户地膜回收意愿的过程中调节作用显著。换句话说，当信息获取能力增加一个单位时，政府规制通过中介变量感知价值对农户地膜回收意愿的影响会增加 0.110 个单位，故 H8-3 得到验证。其中，低信息获取能力组是负向影响，可能的原因是，由于低信息获取能力的农户信息渠道较为闭塞，接收不到来自外界知识力量的干预，对技术认知、政策把握等了解不够，因此仅能依靠经验来判断新技术。中、高信息获取能力组是正向影响，由于这两类农户能够容易且及时地获取所需要的信息，因此对不同来源农业信息的判断和选择更为准确，且他们思想较为活泛，眼界较为宽广，对地膜回收意愿也更加强烈。

表8-7 有调节的中介作用检验结果

变量	系数	BootSE	95%的置信区间		条件中介作用显著性	调节作用的显著性
			Boot CI 下限	Boot CI 上限		
M−SD	−0.071	0.030	−0.132	−0.013	显著	显著
M	0.051	0.022	0.009	0.094	显著	
M+SD	0.174	0.028	0.122	0.231	显著	
Index	0.110	0.017	0.078	0.145	—	—

8.3.5 信息获取能力的调节效应检验

如表8-8回归结果所示，将调节变量信息获取能力加入模型之后，感知价值与信息获取能力的乘积显著正向影响农户地膜回收意愿，结果再次证明了信息获取能力能够正向调节感知价值对农户地膜回收意愿的影响。

表8-8 信息获取能力的调节效应检验

变量	模型6 地膜回收意愿		模型7 地膜回收意愿	
	系数	标准误	系数	标准误
感知价值	0.179***	0.043	1.002***	0.104
信息获取能力	0.260***	0.037	0.372***	0.035
感知价值×信息获取能力	—	—	0.311***	0.025
控制变量	已控制		已控制	
R^2	0.236		0.351	

变量	模型 6 地膜回收意愿		模型 7 地膜回收意愿	
	系数	标准误	系数	标准误
F 值	26.361		41.911	
P 值	0.000		0.000	

8.3.6 地膜回收行为作用机制分析

地膜回收行为的作用结果如表 8-9 回归结果所示，模型 1 采用二元 Logistic 模型进行分析，模型 2 采用线性回归模型作为稳健性检验。数据显示，两个模型的估计结果较为一致，说明回归结果具有较强的稳健性。政府规制变量在 1%的统计水平显著，且回归系数为正，表明政府规制显著正向影响农户地膜回收行为，故 H8-4 得到验证。地膜回收意愿变量在 1%的统计水平显著，且回归系数为正，表明采纳意愿显著正向影响农户地膜回收行为，故 H8-5 得到验证。"政府规制→地膜回收行为""地膜回收意愿→地膜回收行为"这一直接作用路径成立。计划行为理论认为所有可能影响行为的因素都是经由行为意向来间接影响行为的表现。因此，政府规制可能会改变农户采纳意愿，进而影响其地膜回收行为。将政府规制和采纳意愿同时纳入模型进行分析，政府规制和采纳意愿均在 1%的统计水平显著，且系数均为正，表明"政府规制→地膜回收意愿→地膜回收行为"这一间接作用路径成立，故 H8-6 得到验证。说明地膜回收意愿在政府规制影响农户地膜回收行为过程中的中介作用成立。环境是典型的外部性问题，在实际生产经营过程中，如果农户进行地膜回收的成本远远大于其产生的直接效益，那么农户进行地膜回收的动力将会明显不足，地膜回收工作的推进也会增加难度。因此，需要政府规制等正式制度加以辅助。政府通过激励机制对实施地膜回收行为的农户进行经济或物质补贴；通过约束规制对地膜不回收等违规行为进行监督处罚；通过引导机制加强对废旧地膜回收重要性的宣传，提升农户的技术认知水平和生态保护意识。

通过政府规制的外部刺激，农户地膜回收行为得到了明显提升。同时，政府规制能够通过影响农户地膜回收意愿进而影响农户的地膜回收行为。

表 8-9 地膜回收行为的作用结果

变量	模型 1 二元 Logistic				模型 2 线性回归模型			
	地膜回收行为	地膜回收行为	采纳意愿	地膜回收行为	地膜回收行为	地膜回收行为	采纳意愿	地膜回收行为
政府规制	0.708 *** (0.091)		1.202 *** (0.077)	0.510 *** (0.101)	0.798 *** (0.031)		0.508 *** (0.048)	0.071 *** (0.015)
采纳意愿		0.645 *** (0.080)		0.464 *** (0.088)		0.113 *** (0.050)		0.080 *** (0.014)
控制变量	已控制				已控制			
样本量	863				863			
R²	0.074	0.077	0.367	0.104	0.077	0.085	0.236	0.107
P 值	0.000	0.000	0.000	0.000	0.000	0.000	0.000	0.000

8.4 地膜回收还存在的问题

通过现场调研和走访农户，发现地膜在回收过程中存在一定的问题：

8.4.1 地膜品质差距较大，影响回收作业效果

部分地膜生产厂家为节约成本、降低售价，生产的地膜在延展性、抗拉性等力学性能和耐候期等方面无法达到国家标准要求，地膜在棉花整个生育期因日照、风吹、土壤水肥侵蚀等影响而变薄变脆，导致后期机械回收非常困难。回收机械工作部件触碰到此类地膜后地膜直接破碎，无法被机具回收。同时，此类地膜由于质量较差、重量较轻，亩均用量为 3.7～4.2 千克，市场售价较标准地膜便宜 1 元/千克，农户亩均成本可降低

15 元左右，因此农户购买的积极性很高。但此类地膜的机械化回收率仅能达到 35% 左右，65% 合计约 2.6 千克/亩的地膜仍旧会残留在农田，并随着犁耕作业翻埋入土，后续回收的希望更加渺茫。

8.4.2 现有地膜回收技术不能满足生产要求

残膜回收在国内外没有可供借鉴和参考的成熟技术，兵团在残膜机械化回收技术研发领域是领跑者。目前农业生产中应用的残膜回收机械属于新成果，但是残膜回收技术基本空白，残膜含量约占整膜的 9.76%，这就导致残膜回收机具当年残膜回收率未能突破 90%，不能满足农业生产要求 95% 的残膜回收率，致使农户使用机具收膜的积极性很低。此外，还有回收机具及利用问题。现有的地膜回收机械主要分为单一作业、联合作业两种形式。代表机型有新疆农垦科学院研发的链耙式残膜回收机、导轨式残膜回收机（单一作业）、残膜回收与秸秆粉碎联合作业机；新疆农业科学院研发的滚筒式残膜回收与秸秆粉碎联合作业机。

8.4.3 政策扶持较少且激励措施不到位

自从 2013 年国家及自治区和兵团要求开展棉田地膜回收工作以来，主力推手一直都是政府。首先，之前很多年的铺膜种植都没有回收地膜，农户普遍认为收膜不是像整地、播种一样必不可少的农耕作业；其次，目前兵团农户回收地膜没有作业补贴，地膜回收作业费用约 40 元/亩，均需个人支付，地膜回收作业上支出较大，农户很难接受；最后，回收后的地膜不允许焚烧、掩埋、再利用的也很少，80% 以上都堆放在地头或者指定地点，没有出路，导致农户自发回收地膜的积极性非常低。

8.4.4 废旧地膜回收与再利用没有得到解决

现有的废弃地膜再利用技术主要是将回收后的地膜进行造粒。该技术要求回收后的地膜力学性能强，不能有棉秆、土杂等杂物。而现有机械化地膜回收机具回收后的地膜掺杂较多，无法满足再利用企业要求，不得不增加人工捡拾。无形中既增加了成本投入，又增加了时间投入。同时，现有的废弃地膜回收利用属于高耗能、高污染、低产出产业。企业规模较小，加工技术偏低，形式粗放，生产能力较弱，平均造粒能力为 3~5 吨/天，生产环境差，再利用企业运营成本较高、积极性低。该产业受制于加工能力、加工水平和综合成本等方面制约，所处理的废弃地膜不到每年回收废弃地膜的 5%。大量废弃地膜仍旧缺乏有效再利用方式，棉田地膜污染治理产业链无法形成完成的闭环，从而导致地膜回收问题一直无法彻底解决。

8.5　本章小结

本章利用新疆 33 个县（市）、团（农）场 863 户棉花种植农户的实地调研数据，构建有调节的中介模型，以感知价值为中介变量，信息获取能力为调节变量，探讨政府规制影响农户地膜回收意愿的作用机制。实证检验后得出以下主要结论：

第一，政府规制对农户地膜回收意愿的影响存在两条作用路径：一是政府规制对农户地膜回收意愿有显著的正向影响，即强制模式下"政府规制→农户地膜回收意愿"的直接作用机制；二是感知价值在政府规制影响农户地膜回收意愿过程中发挥了部分中介作用，该中介效应占总效应的 15.14%，即内化模式下"政府规制→感知价值→农户地膜回收意愿"的间接作用机制。且通过分组检验，感知价值在青年组农户和中老年组农户中均发挥正向中介作用，占比分别为 12.13%、34.87%。综上所述，说明政府规制对于农户地膜回收意愿不仅具有直接影响，还会通过感知价值产生间接影响。

第二，在感知价值对农户地膜回收意愿的正向作用中，信息获取能力具有正向调节效应。信息获取能力越强的农户，其感知价值对农户地膜回收意愿的作用越强。

第三，地膜回收行为的影响路径有以下三条：一是政府规制显著正向影响农户地膜回收行为；二是地膜回收意愿显著影响农户地膜回收行为；三是政府规制能够通过影响农户地膜回收意愿进而影响农户的地膜回收行为。

第四，地膜回收过程中还存在的问题：一是地膜品质差距较大，影响回收作业效果；二是现有地膜回收技术还不能满足生产要求；三是政策扶持较少，导致地膜回收工作推进困难；四是废旧地膜回收与再加工利用环节未能有机结合，地膜回收再利用问题没有得到解决。

第9章 研究结论、对策建议与展望

9.1 研究结论

本书以我国农业绿色发展为研究背景，基于农户行为理论、计划行为理论、外部性理论和公共物品理论等相关理论基础，利用新疆33个县（市）、团（农）场863户棉花种植农户的实地调研数据，综合运用熵值法、因子分析法、Ordered-Probit模型、SEM模型等多种实证分析方法，重点分析了棉花种植的产前（干播湿出技术）、产中（病虫害绿色防控技术、测土配方施肥技术、生物有机肥施用技术、科学施药技术、膜下滴灌技术）和产后（地膜回收技术、保护性耕作技术）等一系列绿色农业相关技术，研究了新疆棉花种植农户绿色农业技术应用现状、技术认知、技术采纳意愿、技术采纳行为等，并以地膜回收绿色技术为例进行了深入的绿色技术采纳行为分析，对促进新疆棉花种植过程中绿色农业技术的推广应用具有重要意义。通过理论分析和实证研究得出以下主要结论：

9.1.1　棉花生产不合理的生产方式和过度的农业开发会产生强烈的生态负外部性，尤其以"农业化学污染""白色污染"为重，阻碍了农业绿色化发展进程

在棉花的种植过程中，不合理的生产方式和过度的农业开发会产生强烈的生态负外部性，主要表现为肥料与农药的化学物质的过度使用产生的"农业化学污染"，以及地膜残留等产生的"白色污染"，过度的农业开发和不合理的耕作方式还导致水土资源的过度损耗，而农业生态没有得到较好的维护和修复。因此，推动实施绿色农业技术对恢复农业生态，实现农业可持续发展具有重要意义。

9.1.2　农户对绿色农业技术的认知不高，采纳意愿较高，而实际实施采纳情况还有待提高，农户倾向于采纳边际成本低，易于操作、见效快的绿色技术

第一，44.3%的农户认为生态环境保护和发展农业经济同等重要。农户对 8 种绿色农业技术了解的平均分均没有超过 0.5，说明绿色农业技术宣传力度和推广程度并不理想。按照农户对绿色农业技术了解平均分进行排序，生物有机肥施用技术>病虫害绿色防控技术>膜下滴灌技术>地膜回收技术>测土配方施肥技术>干播湿出技术>生物有机肥施用技术>科学施药技术。

第二，农户对绿色农业技术认知水平一般，仍有部分处于观望状态。在经济价值认知、生态价值认知和社会价值认知中，非常不赞同、不太赞同和不确定的合计占比分别为 15.9%、21.7%、76.0%，接近或超过了样本农户的 1/3。这说明政府在致力于推广绿色农业技术方面虽有一定的成效，但农户对绿色农业技术的价值认知程度并没有预期高。

第三，农户对绿色农业技术采纳意愿较高，但仍有部分不确定。在采纳意愿、推荐意愿、重复使用意愿和持续关注意愿中，非常小、比较小和一般的合计占比分别为 25.3.0%、25.2%、20.2%、17.6%，可见还是有部分农户不倾向于采纳绿色农业技术。

第四，在新疆棉花种植过程中，测土配方施肥技术、生物有机肥施用技术和干播湿出技术的采纳程度较低；病虫害绿色防控技术和科学施药技术采纳程度适中；保护性耕作技术、膜下滴灌技术和地膜回收技术采纳程度较高。说明政府规制辐射力度大的技术在实际中采纳程度较高，而边际成本高的技术农户采纳程度较低，农户倾向于采纳边际成本低，易于操作、见效快的绿色农业技术。农户对绿色农业技术的实际采用率还有待提升。

9.1.3 农户绿色农业技术的认知水平，受农户人力、经济、社会资源禀赋和政府规制的影响，其中政府规制中约束规制的影响最大

第一，农户人力资源禀赋显著正向影响农户绿色农业技术的经济价值认知、生态价值认知和社会价值认知。其中，文化程度对农户绿色农业技术经济价值认知、生态价值认知和社会价值认知具有促进作用。劳动力数量对农户绿色农业技术的社会价值认知具有促进作用。种植经验对农户绿色农业技术经济价值认知具有抑制作用，说明种植经验越丰富，越偏向于传统种植方式，不倾向于认知绿色农业技术。

第二，农户经济资源禀赋显著正向影响农户绿色农业技术的生态价值认知。其中，种植面积对农户绿色农业技术的社会价值认知具有抑制作用，家庭总收入对农户绿色农业技术的生态价值认知具有抑制作用，兼业农户对农户绿色农业技术的经济价值认知、生态价值认知和社会价值认知具有促进作用。

第三，农户社会资源禀赋显著正向影响农户绿色农业技术的经济价值认知、生态价值认知和社会价值认知。其中，社会地位对农户绿色农业技术经济价值、生态价值和社会价值认知具有促进作用，社会网络关系对农户绿色农业技术经济价值、生态价值和社会价值认知具有促进作用。

第四，政府规制显著正向影响农户绿色农业技术的经济价值认知、生态价值认知和社会价值认知。其中，引导规制、约束规制、激励规制均对

农户绿色农业技术的经济价值认知、生态价值认知和社会价值认知有显著促进作用。影响程度中，经济价值认知>社会价值认知>生态价值认知。具体来说，在经济价值认知的影响因素中，约束规制>引导规制>激励规制>；在生态价值认知的影响因素中，约束规制>激励规制>引导规制；在社会价值认知的影响因素中，约束规制>引导规制>激励规制。由此可见，政府约束规制对农户绿色农业技术认知的影响最大。

第五，女性比男性对绿色农业技术产生的经济价值和生态价值认知更高。年龄越小对绿色农业技术产生的社会价值认知更高。汉族比少数民族对绿色农业技术产生的经济价值、生态价值和社会价值认知更高。地方农户相比兵团农户对绿色农业技术产生的经济价值认知更高。兵团农户相比地方农户对绿色农业技术产生的社会价值认知更高。

9.1.4 提升农户绿色农业技术采纳意愿的作用路径有两条

一是采纳动机、农业社会化服务、信息能力和个人规范的直接影响；二是作用于采纳动机、个人规范、责任归属的间接影响。

第一，采纳动机、农业社会化服务、信息能力和个人规范显著正向影响农户绿色农业技术采纳意愿，其中农业社会化服务的影响最大。即采纳动机→采纳意愿、农业社会化服务→采纳意愿、信息能力→采纳意愿、个人规范→采纳意愿的四条直接响应路径成立。

第二，农业社会化服务和信息能力通过作用于采纳动机显著正向影响农户的采纳意愿；责任归属通过作用于个人规范显著正向影响农户的采纳意愿；后果意识通过作用于责任归属和个人规范显著正向影响农户技术采纳意愿。即农业社会化服务→采纳动机→采纳意愿、信息能力→采纳动机→采纳意愿、责任归属→个人规范→采纳意愿、后果意识→责任归属→个人规范→采纳意愿的四条间接响应路径成立。

第三，农户绿色农业技术采纳意愿显著正向影响采纳行为，采纳意愿→采纳行为的响应路径成立。

第四，多群组稳健性检验和异质性分析结果表明，多群组模型与样本数据适配情况良好，各群组模型中的路径系数符号和显著性水平与本研究相近，说明上述结果具有稳健性。从兼业分组情况来看，在采纳动机对采纳意愿的影响中，兼业农户大于纯农户。在农业社会化服务对采纳意愿和采纳动机的影响中，纯农户大于兼业农户。在信息能力对采纳动机的影响中，兼业农户大于纯农户。在个人规范对采纳意愿的影响中，兼业农户高于纯农户。在绿色农业技术采纳意愿对采纳行为的影响中，兼业农户大于纯农户。从文化水平分组情况来看：在采纳动机对采纳意愿的影响中，高学历组大于低学历组。在信息能力对采纳意愿和采纳动机的影响中，高学历组均显著，而低学历组均不显著。在个人规范对采纳意愿的影响中，高学历组显著，低学历组不显著。在绿色农业技术采纳意愿对采纳行为的影响中，高学历组大于低学历组。

9.1.5 人力资源禀赋、经济资源禀赋、社会资源禀赋、政府规制、技术认知和采纳意愿显著影响农户绿色农业技术采纳行为，农户资源禀赋、内在感知和政府规制显著正向影响不同的绿色农业技术采纳行为

第一，人力资源禀赋、政府规制、技术认知和采纳意愿对农户绿色农业技术采纳行为有显著正向影响。其中，经济资源禀赋和社会资源禀赋对农户绿色农业技术采纳行为有显著负向影响。

第二，在干播湿出技术中，人力资源禀赋和社会资源禀赋显著正向影响农户测土配方施肥技术采纳行为。其中，文化程度、种植经验、种植面积显著正向影响农户干播湿出技术采纳行为。劳动力数量显著负向影响农户干播湿出技术采纳行为。党员干部身份农户对干播湿出技术采纳行为更高。在测土配方施肥技术中，经济资源禀赋和社会资源禀赋显著正向影响农户测土配方施肥技术采纳行为。其中，文化程度、种植经验、种植面积显著正向影响农户测土配方施肥技术采纳行为。劳动力数量显著负向影响农户测土配方施肥技术采纳行为。党员干部身份农户对测土配方施肥技术采纳行为较高。在生物有机肥施用技术中，人力资源禀赋、经济资源禀赋和社会资源禀赋显著正向影响农户生物有机肥施用技术采纳行为。其中，

文化程度、劳动力数量、种植经验、种植面积均显著正向影响农户生物有机肥施用技术采纳行为。兼业农户对生物有机肥施用技术采纳行为高于非兼业农户。党员干部身份农户对生物有机肥施用技术采纳行为更高。加入合作社农户对生物有机肥施用技术采纳行为更高。

第三，政府规制在1%的统计水平显著正向影响农户干播湿出技术、测土配方施肥技术和生物有机肥施用技术的采纳行为。即农户获取政府规制的正向刺激越多，越有可能采纳干播湿出技术、测土配方施肥技术和生物有机肥施用技术等绿色农业技术。

第四，内在感知在1%、1%和5%的统计水平显著正向影响农户干播湿出技术、测土配方施肥技术和生物有机肥施用技术的采纳行为，表明内在感知中感知有用性、感知易用性和感知技术成本是决定农户绿色农业技术采纳行为的关键因素。

第五，内在感知在政府规制影响农户干播湿出技术、测土配方施肥技术和生物有机肥施用技术的采纳行为中发挥了部分中介作用，中介效应占总效应的比重分别为13.386%、19.012%和11.506%。进一步证明了在S-O-R模型中，外部刺激会通过作用于内在感知，从而影响农户干播湿出技术、测土配方施肥技术和生物有机肥施用技术等绿色农业技术采纳行为。

第六，通过更换计量模型，对回归结果进行稳健性检，结果表明无论是显著性还是系数符号，均较为一致，说明模型回归结果具有较强的稳健性。将样本农户按照年龄进行分组，进一步探讨分析变量对农户绿色农业技术采纳行为的影响。结果显示，人力资源禀赋对青年组和中老年组绿色农业技术采纳行为具有显著促进作用；社会资源禀赋对青年组和中老年组绿色农业技术采纳行为具有显著抑制作用；政府引导规制对青年组绿色农业技术采纳行为具有显著促进作用；政府激励规制对青年组和中老年组绿色农业技术采纳行为具有显著促进作用。经济价值认知对青年组绿色农业技术采纳行为具有显著促进作用，社会价值认知对青年组和中老年组绿色农业技术采纳行为具有显著促进作用，采纳意愿对青年组和中老年组绿色农业技术采纳行为具有显著促进作用。

9.1.6　以地膜回收绿色农业技术为例，政府规制能够直接影响农户采纳意愿，政府规制也能够作用于感知价值间接影响农户采纳意愿，采纳行为受政府规制、采纳意愿的影响

第一，政府规制对农户地膜回收意愿的影响存在两条作用路径：一是政府规制对农户地膜回收意愿有显著的正向影响，即强制模式下"政府规制→农户地膜回收意愿"的直接作用机制；二是感知价值在政府规制影响农户地膜回收意愿过程中发挥了部分中介作用，该中介效应占总效应的15.14%。即内化模式下"政府规制→感知价值→农户地膜回收意愿"的间接作用机制。且通过分组检验，感知价值在青年组农户和中老年组农户中均发挥正向中介作用，占比分别为12.13%、34.87%。综上所述，说明政府规制对于农户地膜回收意愿不仅具有直接影响，还会通过感知价值产生间接影响。

第二，在感知价值对农户地膜回收意愿的正向作用中，信息获取能力具有正向调节效应。信息获取能力越强的农户，其感知价值对农户地膜回收意愿的作用越强。

第三，地膜回收行为的影响路径有以下三条：一是政府规制显著正向影响农户地膜回收行为；二是地膜回收意愿显著影响农户地膜回收行为；三是政府规制能够通过影响农户地膜回收意愿进而影响农户的地膜回收行为。

9.2　对策建议

9.2.1　加强绿色农业技术宣传，提高农户认知水平与价值感知

9.2.1.1　加强政府对绿色农业技术的宣传引导

构建传统渠道与新媒体渠道结合的技术宣传体系，利用"线上+线

下"多元化培训渠道,通过墙体广告、村广播、宣传单等线下方式,结合互联网、App、公众号等线上网络方式,加大宣传力度,让农户了解绿色农业技术的重要性和优势,以及采纳绿色农业技术带来的效果、意义和价值,从而增强农户对绿色农业技术的认同感,促进农民对绿色农业技术的认知、意愿和采纳行为。

9.2.1.2 加强农户获取绿色农业新技术的环境建设

农业技术推广的作用不仅体现在对农业新技术的推广和应用,更重要的是要搭建农户绿色农业技术的获取平台,提高农民对绿色农业新技术的信息获取能力和处理能力。通过加强农户信息获取能力的硬件条件建设,实现电视、广播、网络等渠道的信息沟通交流畅通。加强农户的信息获取能力软件建设,提升基层农户文化教育水平。积极拓宽相关农业信息的发布渠道和农户获取信息的渠道,降低农户信息搜寻成本,减少由于信息不对称带来的不确定感。

9.2.1.3 增强村集体与大户的绿色农业技术示范带动效应

借助村集体的作用,组织多种活动促进农户之间的交流,相互学习绿色农业技术。发挥技术能手的示范作用,打造绿色农业技术典型示范户,引导农户养成良好的绿色农业技术使用习惯,推动形成正确的环境价值观和加强生态环境保护的责任感。同时,结合当地的传统文化,充分利用社会规范对农户的影响,让农民自发地采纳绿色农业技术,提高农户对绿色农业技术的认知和接受度。

9.2.2 加快技术服务体系建设,构建现代农业技术推广模式

9.2.2.1 健全农业科研人才服务基层制度

引导科技特派员、农技人员等深入基层开展绿色农业技术指导服务,切实解决农民生产中的技术难题。农业技术人员通过对农户的技术指导,为农民群众提供优质便捷的科技信息服务,提高农户应用绿色农业技术的能力。支持基层单位建设农技推广体系,大力加强科普组织对绿色农业技术的推广普及力度,形成基层绿色农业技术科普服务体系。加强对基层实

施农业技术普及推广人员的激励，努力提高相关工作待遇。

9.2.2.2　开展绿色农业技术的专项教育培训和技术推广

定期为农户举办专业的培训和教育讲座，普及有关绿色农业生产技术的基础性知识，使他们能够充分理解绿色农业技术的优势和实施方法。从服务咨询和要素供给等方面采取配套措施，注重宣传和介绍绿色农业技术的推广内容。政府和相关机构应该为农户提供技术支持和服务，包括技术指导、技术培训、技术咨询等，让农民了解和掌握绿色农业技术的具体内容和实施方法，提高技术应用水平。从而提高农户对绿色农业技术的知识储备和认知，实现绿色农业技术的广泛应用。

9.2.2.3　搭建良好的绿色农业技术交流互动平台

利用多种渠道和新型媒介，为农户之间、农户与其他组织之间的交流互动提供平台，有效促进信息的共享与传递。注重农村非正式组织的建立，促进邻里间的互帮互助，形成更大范围更有影响力的良性互动机制。鼓励有村干部经历的农户发挥宣传和示范作用，尝试将其内嵌于技术推广服务的正式组织中，发挥其更大的带动作用。政府组织定期的农业技术经验交流会，开展试验示范并且邀请农户进行现场观摩。

9.2.3　支持农业技术社会供给，提升农业社会化服务水平

9.2.3.1　大力扶持发展各类绿色农业技术服务主体

加速培养各种类型的专业服务公司、农村合作组织和服务型农民合作社等农业社会化服务机构，发挥各自优势，提高整体服务水平，推进绿色农业技术的服务带动模式。鼓励企业积极参与绿色农业的规模化生产，弥补农户分散行为的不足，实现绿色农业生产的规模效益，降低小农户获取绿色农业技术和采纳绿色农业技术的成本，增加他们采纳绿色农业新技术的意愿，推动他们真正转变为绿色农业生产者。

9.2.3.2　拓展绿色农业技术服务领域和服务内容

加强农户与厂商的合作，建立厂商长期服务绿色农业技术的产业链，利用市场机制服务绿色农业技术。政府从政策扶持、技术攻关、配套设施

等方面给予绿色农业技术龙头企业支持，形成完整、高效的市场化服务体系。积极引导并支持合作社拓展经营业务范围，向社员提供各类绿色农业技术生产经营服务。支持和鼓励农业社会化组织的发展，更好发挥其在产前、产中、产后各个阶段的绿色农业技术服务能力，并积极拓宽服务领域，向金融保险等配套服务延伸，促进农业纵向分工深化。

9.2.4 完善绿色技术激励机制，提高绿色农业技术补贴力度

9.2.4.1 建立对绿色农业技术服务企业和组织的激励机制

完善相关规章制度建设，制定对相关企业、社会组织对支持绿色农业技术的激励优惠政策，通过贷款免息、税收优惠、价格补贴、广告宣传等形式对绿色农业技术的服务企业、社会组织予以政策倾斜，提高农民的积极性和参与度。积极拓宽市场化、多元化的绿色农业技术支持模式，为企业、社会组织的绿色农业技术服务提供政府激励支持。注重从政策上支持和认可绿色农业技术，以激发农民的积极性和信心，从而推动技术在新疆棉花种植过程中的广泛应用。

9.2.4.2 建立对农户采用绿色农业技术的补贴激励机制

依据国家相关法律法规，结合当地实际情况，制定补贴实施目标，并依据该目标设置补贴额度。通过健全完善绿色农业技术补贴政策，政府及村组织对积极采纳实施绿色农业技术的农户，给予使用集体农业生产资料优先权，避免政策实施的低效率和盲目性，减弱风险偏好对农户技术采纳行为的消极影响，激发农户绿色农业技术采纳的积极性和可持续性，提高农户在农业生产各个环节市场的主体活力。

9.2.4.3 加大投入力度，促进产销对接

政府和相关机构应加大对于绿色农业技术的投入力度，包括加强研发、建设示范项目等，为农民提供更先进、更有效的技术支持。政府和相关机构应促进绿色农产品的产销对接，通过组织展销会、拓展市场等方式，为农民提供更多的销售渠道，提高农民的收益。

9.2.5　加强政府规制约束机制建设，构建完善的监督管理体系

9.2.5.1　加强政府对绿色农业技术环境规制的制度建设

完善农业生产中产前、产中、产后的绿色农业发展制度建设，着力改善生态环境，建立非绿色农业生产技术负面清单，特别是农药、化肥、地膜等污染严重领域的生态红线。对影响农业绿色发展的负面清单行为，以及触碰红线者，可视情节轻重，给予削减直至取消其农业补贴等处罚措施，形成强制性约束。

9.2.5.2　构建完善的绿色农业技术监督管理体系

各级地方政府严格落实国家和各地区出台的各项规章制度，因地制宜地建立当地的政府规制实施体系，加强执法监督检查，加强行业督导，实现有法可依、执法必严，违法必究。压实地方行业主管部门的监督管理责任，建立生态环境损害举报奖励机制。加强对绿色农业技术管理的保障机制建设，出台适合区域棉花种植特点的绿色农业技术采纳模式和生态补偿方案，做到对绿色农业技术采纳有组织、有人员、有经费、有制度的系统管理。

9.3　不足和展望

本书以农户绿色农业技术采纳行为研究为主题，从农户视角出发，探究新疆棉花种植农户绿色农业技术采纳行为，并提出了相关对策建议，丰富了现有研究。但研究也存在一定的不足之处有待进一步完善：

第一，本书采用分层随机抽样法，抽取了新疆 33 个县（市）、团（农）场 863 户棉花种植农户作为研究样本。主要考量两个方面：一是新疆是我国乃至世界的棉花主产区，我国 80% 以上的棉花均由新疆生产与供给，全区棉花生产面积、单产、总产和商品调出量已连续 27 年位居全

国首位。二是虽然大多数研究都以主产区为样本，但不同省与省之间由于自然环境、种植条件、技术实施等有所差异，限于人力、个人精力与科研成本，没有对不同省际进行分析。因此，在未来的研究中应该考虑将其他棉花种植省际纳入研究中做相关对比分析。

第二，在绿色农业技术采纳行为的分析中，受限于篇幅，仅选用了3种代表性技术进行分析，且缺乏对采纳技术产生的效率或效益进行深入研究。因此，在未来的研究中可以将农户绿色农业技术采纳行为所带来的利润或提高的生产效率进行研究，以期依托翔实可靠的数据提高技术的扩散程度。

参考文献

［1］A.恰亚诺夫.农民的经济组织［M］.北京：中央编译出版社，1996.

［2］安芳，颜廷武，张丰翼.收入质量对农户秸秆还田技术自觉采纳行为的影响——基于有调节的中介效应分析［J］.中国农业资源与区划，2022，43（6）：162-172.

［3］白瑛，张祖锡.试论绿色农业［J］.中国食物与营养，2004（9）：60-63.

［4］蔡颖萍，杜志雄.家庭农场生产行为的生态自觉性及其影响因素分析——基于全国家庭农场监测数据的实证检验［J］.中国农村经济，2016，384（12）：33-45.

［5］曹慧，赵凯.农户化肥减量施用意向影响因素及其效应分解——基于VBN-TPB的实证分析［J］.华中农业大学学报（社会科学版），2018（6）：29-38，152.

［6］柴玲.黑龙江省水稻种植户生产行为及影响因素研究［D］.东北农业大学，2017.

［7］畅华仪，张俊飚，何可.技术感知对农户生物农药采用行为的影响研究［J］.长江流域资源与环境，2019，28（1）：202-211.

［8］陈强强，杨清，叶得明.区域环境、家庭禀赋与秸秆处置行为——以甘肃省旱作农业区为例［J］.应用生态学报，2020，31（2）：

563-572.

[9] 陈雨生，朱玉东，张琳. 农户环保型农资选择行为研究？——基于实验经济学 [J]. 农业经济问题，2016，37（8）：33-40，110-111.

[10] 陈泽谦. MOA 模型的形成、发展与核心构念 [J]. 图书馆学研究，2013（13）：53-57.

[11] 程琳琳，张俊飚，何可. 网络嵌入与风险感知对农户绿色耕作技术采纳行为的影响分析——基于湖北省615个农户的调查数据 [J]. 长江流域资源与环境，2019，28（7）：1736-1746.

[12] 程鹏飞，于志伟，李婕等. 农户认知、外部环境与绿色生产行为研究——基于新疆的调查数据 [J]. 干旱区资源与环境，2021，35（1）：29-35.

[13] 褚彩虹，冯淑怡，张蔚文. 农户采用环境友好型农业技术行为的实证分析——以有机肥与测土配方施肥技术为例 [J]. 中国农村经济，2012（3）：68-77.

[14] 邓悦. 农业绿色技术进步对碳排放影响研究 [D]. 西北农林科技大学，2022.

[15] 杜三峡，罗小锋，黄炎忠，唐林，余威震. 风险感知、农业社会化服务与稻农生物农药技术采纳行为 [J]. 长江流域资源与环境，2021，30（7）：1768-1779.

[16] 费红梅，唱晓阳，姜会明. 政府规制、社会规范与农户耕地质量保护行为——基于吉林省黑土区的调查数据 [J]. 农村经济，2021，468（10）：53-61.

[17] 丰军辉，何可，张俊飚. 家庭禀赋约束下农户作物秸秆能源化需求实证分析——湖北省的经验数据 [J]. 资源科学，2014，36（3）：530-537.

[18] 冯晓龙，霍学喜. 社会网络对农户采用环境友好型技术的激励研究 [J]. 重庆大学学报（社会科学版），2016，22（3）：72-81.

[19] 盖豪，颜廷武，张俊飚. 感知价值、政府规制与农户秸秆机械

化持续还田行为——基于冀、皖、鄂三省 1288 份农户调查数据的实证分析 [J]. 中国农村经济, 2020 (8): 106-123.

[20] 高杨, 牛子恒. 风险厌恶、信息获取能力与农户绿色防控技术采纳行为分析 [J]. 中国农村经济, 2019 (8): 109-127.

[21] 耿宇宁, 郑少锋, 陆迁. 经济激励、社会网络对农户绿色防控技术采纳行为的影响——来自陕西猕猴桃主产区的证据 [J]. 华中农业大学学报 (社会科学版), 2017 (6): 59-69, 150.

[22] 苟兴朝, 杨继瑞. 禀赋效应、产权细分、分工深化与农业生产经营模式创新——兼论 "农业共营制" 的乡村振兴意义 [J]. 宁夏社会科学, 2019, 214 (2): 84-92.

[23] 郭清卉, 李昊, 李世平. 社会规范对农户化肥减量化措施采纳行为的影响 [J]. 西北农林科技大学学报 (社会科学版), 2019, 19 (3): 112-120.

[24] 国亮, 侯军岐. 影响农户采纳节水灌溉技术行为的实证研究 [J]. 开发研究, 2012 (3): 104-107.

[25] 何悦. 农户绿色生产行为形成机理与实现路径研究 [D]. 四川农业大学, 2019.

[26] 贺志武, 胡伦, 陆迁. 农户风险偏好、风险认知对节水灌溉技术采用意愿的影响 [J]. 资源科学, 2018, 40 (4): 797-808.

[27] 侯林岐, 张杰, 翟雪玲. 社会规范、生态认知与农户地膜回收行为研究——来自新疆 1056 户棉农调研问卷 [J]. 干旱区资源与环境, 2019, 33 (12): 54-59.

[28] 侯晓康, 刘天军, 黄腾, 袁雪霈. 农户绿色农业技术采纳行为及收入效应 [J]. 西北农林科技大学学报 (社会科学版), 2019, 19 (3): 121-131.

[29] 胡乃娟, 孙晓玲, 许雅婷, 周子阳, 朱利群. 基于 Logistic-ISM 模型的农户有机肥施用行为影响因素及层次结构分解 [J]. 资源科学, 2019, 41 (6): 1120-1130.

［30］胡雪萍，董红涛．构建绿色农业投融资机制须破解的难题及路径选择［J］．中国人口·资源与环境，2015（6）：152-158.

［31］黄腾，赵佳佳，魏娟，刘天军．节水灌溉技术认知、采用强度与收入效应——基于甘肃省微观农户数据的实证分析［J］．资源科学，2018，40（2）：347-358.

［32］黄晓慧．资本禀赋、政府支持对农户水土保持技术采用行为的影响研究［D］．西北农林科技大学，2019.

［33］黄晓慧，陆迁，王礼力．资本禀赋、生态认知与农户水土保持技术采用行为研究——基于生态补偿政策的调节效应［J］．农业技术经济，2020（1）：33-44.

［34］黄晓慧，王礼力，陆迁．农户认知、政府支持与农户水土保持技术采用行为研究——基于黄土高原1152户农户的调查研究［J］．干旱区资源与环境，2019，33（3）：21-25.

［35］黄晓慧，王礼力，陆迁．农户水土保持技术采用行为研究——基于黄土高原1152户农户的调查数据［J］．西北农林科技大学学报（社会科学版），2019，19（2）：133-141.

［36］黄玉祥，韩文霆，周龙等．农户节水灌溉技术认知及其影响因素分析［J］．农业工程学报，2012，28（18）：113-120.

［37］黄宗智．华北的小农经济与社会变迁［M］．北京：中华书局，1986.

［38］姜维军，颜廷武．能力和机会双轮驱动下农户秸秆还田意愿与行为一致性研究——以湖北省为例［J］．华中农业大学学报（社会科学版），2020（1）：47-55，163-164.

［39］姜长云，李俊茹，赵炜科．农业生产托管服务的组织形式、实践探索与制度创新——以黑龙江省LX县为例［J］．改革，2021，330（8）：103-115.

［40］李傲群，李学婷．基于计划行为理论的农户农业废弃物循环利用意愿与行为研究——以农作物秸秆循环利用为例［J］．干旱区资源与环

境，2019，33（12）：33-40.

[41] 李成龙，周宏．劳动力禀赋、风险规避与病虫害统防统治技术采纳［J］．长江流域资源与环境，2020，29（6）：1454-1461.

[42] 李芬妮，张俊飚，何可．非正式制度、环境规制对农户绿色生产行为的影响——基于湖北1105份农户调查数据［J］．资源科学，2019，41（7）：1227-1239.

[43] 李福夺，李忠义，尹昌斌，何铁光．农户绿肥种植决策行为及其影响因素——基于二元 Logistic 模型和南方稻区506户农户的调查［J］．中国农业大学学报，2019，24（9）：207-217.

[44] 李昊，李世平，南灵，赵连杰．农户农药施用行为及其影响因素——来自鲁、晋、陕、甘四省693份经济作物种植户的经验证据［J］．干旱区资源与环境，2018，32（2）：161-168.

[45] 李曼，陆迁，乔丹．技术认知、政府支持与农户节水灌溉技术采用——基于张掖甘州区的调查研究［J］．干旱区资源与环境，2017，31（12）：27-32.

[46] 李明月，陈凯．农户绿色农业生产意愿与行为的实证分析［J］．华中农业大学学报（社会科学版），2020（4）：10-19，173-174.

[47] 李明月，罗小锋，余威震，黄炎忠．代际效应与邻里效应对农户采纳绿色生产技术的影响分析［J］．中国农业大学学报，2020，25（1）：206-215.

[48] 李莎莎，朱一鸣，马骥．农户对测土配方施肥技术认知差异及影响因素分析——基于11个粮食主产省2172户农户的调查［J］．统计与信息论坛，2015，30（7）：94-100.

[49] 李文欢，王桂霞．社会资本、技术认知对黑土区农户保护性耕作技术采纳行为的影响［J］．中国生态农业学报（中英文），2022，30（10）：1675-1686.

[50] 李祥妹，刘淑怡，刘亚洲．农户棉花秸秆出售行为影响因素研究——以河北省邢台市威县为例［J］．华中农业大学学报（社会科学

版），2016（6）：26-31，143.

[51] 李旭．绿色创新相关研究的梳理与展望 [J]．研究与发展管理，2015，27（2）：1-11.

[52] 李延军．浅谈绿色农业种植技术的推广现状及途径 [J]．河南农业，2022，625（29）：59-61.

[53] 李艳，陈晓宏．农业节水灌溉的博弈分析 [J]．灌溉排水学报，2005，24（3）：19-22.

[54] 李子琳，韩逸，郭熙等．基于 SEM 的农户测土配方施肥技术采纳意愿及其影响因素研究 [J]．长江流域资源与环境，2019，28（9）：2119-2129.

[55] 李紫娟，孙剑，陈桃．农户绿色防控技术采纳行为影响因素——基于湖北省 265 户柑橘种植户调查数据的分析 [J]．科技管理研究，2018，38（21）：249-254.

[56] 刘国涛．绿色产业与绿色产业法 [J]．中国人口·资源与环境，2005（4）：95-99.

[57] 刘浩．我国退耕还林工程对农户收入、消费及其不平等的影响研究 [D]．北京林业大学，2021.

[58] 刘可，齐振宏，黄炜虹，叶孙红．资本禀赋异质性对农户生态生产行为的影响研究——基于水平和结构的双重视角分析 [J]．中国人口·资源与环境，2019，29（2）：87-96.

[59] 刘丽．资源禀赋对农户水土保持耕作技术采用的影响研究 [D]．西北农林科技大学，2020.

[60] 刘妙品，南灵，李晓庆等．环境素养对农户农田生态保护行为的影响研究——基于陕、晋、甘、皖、苏五省1023份农户调查数据 [J]．干旱区资源与环境，2019，33（2）：53-59.

[61] 刘帅，沈兴兴，张震，朱守银，段晋苑．基于成本效益分析的地膜回收政策研究——以甘肃省景泰县为例 [J]．中国农业资源与区划，2018，39（3）：148-154.

［62］刘亚琴．绿色农业与绿色农业技术［J］.河南农业，2019，521（33）：50-51.

［63］刘洋，熊学萍，刘海清，刘恩平．农户绿色防控技术采纳意愿及其影响因素研究——基于湖南省长沙市348个农户的调查数据［J］.中国农业大学学报，2015，20（4）：263-271.

［64］刘洋，余国新．农业社会化服务对土地规模经营的影响——基于棉花产业的实证研究［J］.经济问题，2022（1）：93-100.

［65］刘洋，周孟亮，翟雪玲等．农户农膜回收行动受偿意愿及影响因素研究——基于新疆1029户棉农的调查［J］.干旱区资源与环境，2020，34（9）：31-38.

［66］刘铮，刘洪彬，欧文影，李思怡．辽宁省农户测土配方施肥技术采纳行为研究［J］.农业经济，2019（11）：26-28.

［67］刘志娟．内蒙古绿色农产品生产行为、农户收入效应及消费驱动研究［D］.内蒙古农业大学，2018.

［68］卢华，陈仪静，胡浩，耿献辉．农业社会化服务能促进农户采用亲环境农业技术吗［J］.农业技术经济，2021（3）：36-49.

［69］罗岚，刘杨诚，李桦等．第三域：非正式制度与正式制度如何促进绿色生产［J］.干旱区资源与环境，2021，35（6）：8-14.

［70］罗明忠，雷显凯．非农就业经历、风险偏好与新型职业农民生产技术采纳［J］.江苏大学学报（社会科学版），2022，24（2）：44-56.

［71］马才学，金莹，柯新利，朱凤凯，李红艳，马艳春．基于STIRPAT模型的农户农药化肥施用行为研究——以武汉市城乡结合部为例［J］.资源开发与市场，2018，34（1）：1-5.

［72］马兴栋．苹果种植户标准化生产行为研究［D］.西北农林科技大学，2019.

［73］马瑛．新疆棉花生产性废弃物处理方式的影响因素分析［J］.中国农业资源与区划，2016，37（1）：23-29.

［74］毛慧，胡蓉，周力等．农业保险、信贷与农户绿色农业技术采

用行为——基于植棉农户的实证分析 [J]. 农业技术经济，2022，331（11）：95-111.

［75］牛善栋，吕晓，谷国政. 感知利益对农户黑土地保护行为决策的影响研究——以"梨树模式"为例 [J]. 中国土地科学，2021，35（9）：44-53.

［76］潘世磊，严立冬，屈志光，邓远建. 绿色农业发展中的农户意愿及其行为影响因素研究——基于浙江丽水市农户调查数据的实证 [J]. 江西财经大学学报，2018（2）：79-89.

［77］仇焕广，苏柳方，张祎彤等. 风险偏好、风险感知与农户保护性耕作技术采纳 [J]. 中国农村经济，2020，427（7）：59-79.

［78］钱龙，钱文荣，陈方丽. 农户分化、产权预期与宅基地流转——温州试验区的调查与实证 [J]. 中国土地科学，2015，29（9）：19-26.

［79］乔丹，刘晗，徐涛. 互联网应用是否促进了农户政策性农业保险购买？——基于 Triple-Hurdle 模型 [J]. 湖南农业大学学报（社会科学版），2022，23（5）：48-60.

［80］乔丹，陆迁，徐涛. 社会网络、信息获取与农户节水灌溉技术采用——以甘肃省民勤县为例 [J]. 南京农业大学学报（社会科学版），2017，17（4）：147-155，160.

［81］尚燕，熊涛. 所为非所想？农户风险管理意愿与行为的悖离分析 [J]. 华中农业大学学报（社会科学版），2020，149（5）：19-28，169.

［82］石志恒，符越. 技术扩散条件视角下农户绿色生产意愿与行为悖离研究——以无公害农药技术采纳为例 [J]. 农林经济管理学报，2022，21（1）：29-39.

［83］舒尔茨. 改造传统农业 [M]. 纽黑文，耶鲁大学出版社，1964.

［84］宋洪远. 经济体制与农户行为——一个理论分析框架及其对中国农户问题的应用研究 [J]. 经济研究，1994（8）：22-30.

[85] 宋晓威, 王希龙, 房甄. 农户对农业绿色生产技术响应的影响因素——以青岛市为例 [J]. 地域研究与开发, 2021, 40 (2): 129-134.

[86] 孙小燕, 刘雍. 土地托管能否带动农户绿色生产? [J]. 中国农村经济, 2019 (10): 60-80.

[87] 唐林, 罗小锋, 余威震等. 农户参与村域生态治理行为分析——基于认同、人际与制度三维视角 [J]. 长江流域资源与环境, 2020, 29 (12): 2805-2815.

[88] 唐林, 罗小锋, 张俊彪等. 资源禀赋、技术认知与农户结束选择偏好——基于10省700份菇农的调查数据 [J]. 四川农业大学学报, 2021, 39 (3): 415-422.

[89] 万欣, 王贺, 王如冰, 李弘扬, 胡亚欣. 垃圾焚烧发电项目中公众参与意愿影响因素研究——基于 TPB 和 NAM 的整合模型 [J]. 干旱区资源与环境, 2020, 34 (10): 58-63.

[90] 王力, 毛慧. 植棉农户实施农业标准化行为分析——基于新疆生产建设兵团植棉区270份问卷调查 [J]. 农业技术经济, 2014 (9): 72-78.

[91] 王莉, 张斌, 田国强. 农膜使用回收中的政府干预研究 [J]. 农业经济问题, 2018 (8): 137-144.

[92] 王世尧, 金媛, 韩会平. 环境友好型技术采用决策的经济分析——基于测土配方施肥技术的再考察 [J]. 农业技术经济, 2017 (8): 15-26.

[93] 王思琪, 陈美球, 彭欣欣, 刘桃菊. 农户分化对环境友好型技术采纳影响的实证研究——基于554户农户对测土配方施肥技术应用的调研 [J]. 中国农业大学学报, 2018, 23 (6): 187-196.

[94] 王太祥, 滕晨光, 张朝辉. 非正式社会支持、环境规制与农户地膜回收行为 [J]. 干旱区资源与环境, 2020, 34 (8): 109-115.

[95] 王太祥, 杨红红. 社会规范、生态认知与农户地膜回收意愿关系的实证研究——以环境规制为调节变量 [J]. 干旱区资源与环境,

2021, 35（3）：14-20.

［96］王学婷，张俊飚，童庆蒙．参与农业技术培训能否促进农户实施绿色生产行为？——基于家庭禀赋视角的 ESR 模型分析［J］．长江流域资源与环境，2021，30（1）：202-211.

［97］王彦发，马琼．新疆棉农残膜回收行为影响因素及实证研究——基于棉农的调研数据［J］．中国农业资源与区划，2019，40（1）：53-59.

［98］温忠麟，侯杰泰，张雷．调节效应与中介效应的比较和应用［J］．心理学报，2005（2）：268-274.

［99］吴璟，王天宇，王征兵．社会网络和感知价值对农户耕地质量保护行为选择的影响［J］．西北农林科技大学学报（社会科学版），2021，21（6）：138-147.

［100］吴雪莲．农户绿色农业技术采纳行为及政策激励研究［D］．华中农业大学，2016.

［101］吴雪莲，张俊飚，丰军辉．农户绿色农业技术认知影响因素及其层级结构分解——基于 Probit-ISM 模型［J］．华中农业大学学报（社会科学版），2017（5）：36-45，145.

［102］吴雪莲，张俊飚，何可，张露．农户水稻秸秆还田技术采纳意愿及其驱动路径分析［J］．资源科学，2016，38（11）：2117-2126.

［103］肖望喜，陶建平，张彩霞．农户禀赋、风险可控制感与农户自然风险认知［J］．统计与决策，2020，36（1）：76-80.

［104］谢贤鑫，陈美球．农户生态耕种采纳意愿及其异质性分析——基于 TPB 框架的实证研究［J］．长江流域资源与环境，2019，28（5）：1185-1196.

［105］熊鹰，何鹏．绿色防控技术采纳行为的影响因素和生产绩效研究——基于四川省水稻种植户调查数据的实证分析［J］．中国生态农业学报（中英文），2020，28（1）：136-146.

［106］徐清华，张广胜．加入合作社对农户农业新技术采纳行为的

影响——基于辽宁省"百村千户"调研的实证分析［J］．湖南农业大学学报（社会科学版），2022，23（1）：26-32，71．

［107］徐涛，赵敏娟，李二辉等．技术认知、补贴政策对农户不同节水技术采用阶段的影响分析［J］．资源科学，2018，40（4）：809-817．

［108］徐孝娟．基于 S-O-R 理论的社交网站用户流失研究［D］．南京大学，2015．

［109］薛彩霞．农户社会地位对绿色农业生产技术的引领效应［J］．西北农林科技大学学报（社会科学版），2022，22（3）：148-160．

［110］闫阿倩，罗小锋．务农意愿对农户有机肥技术采纳行为的影响［J］．华中农业大学学报（社会科学版），2021，155（5）：66-74，194．

［111］闫贝贝，刘天军．信息服务、信息素养与农户绿色防控技术采纳——基于陕西省 827 个苹果种植户的调研数据［J］．干旱区资源与环境，2022，36（5）：46-52．

［112］闫迪，郑少锋．信息能力对农户生态耕种采纳行为的影响——基于生态认知的中介效应和农业收入占比的调节效应［J］．中国土地科学，2020，34（11）：76-84，94．

［113］严立冬，崔元锋．绿色农业概念的经济学审视［J］．中国地质大学学报（社会科学版），2009，9（3）：40-43．

［114］颜玉琦，陈美球，张洁，李兴懿，刘洋洋．农户环境友好型耕地保护技术的采纳意愿与行为响应——基于江西省 1092 户农户测土配方施肥技术应用的实证［J］．中国土地科学，2021，35（10）：85-93．

［115］杨飞，李爱宁，周翠萍，黄家英．兼业程度、农业水资源短缺感知与农户节水技术采用行为——基于陕西省农户的调查数据［J］．节水灌溉，2019（5）：113-116．

［116］杨福霞，郑欣．价值感知视角下生态补偿方式对农户绿色生产行为的影响［J］．中国人口·资源与环境，2021，31（4）：164-171．

［117］杨天荣，李建斌．农民专业合作社创新发展问题研究——基于

农业技术应用的视角 [J]. 西安财经大学学报, 2020, 33 (6): 84-92.

[118] 杨燕, 翟印礼. 林农采用林业技术行为及影响因素分析——以辽宁省半干旱地区为例 [J]. 干旱区资源与环境, 2017, 31 (3): 101-106.

[119] 杨志海. 老龄化、社会网络与农户绿色生产技术采纳行为——来自长江流域六省数据的验证 [J]. 中国农村观察, 2018 (4): 44-58.

[120] 叶琴丽, 王成, 张玉英等. 农村经济转型期不同类型农户共生能力研究: 以重庆市合川区大柱村为例 [J]. 西南师范大学学报 (自然科学版), 2014, 39 (10): 33-39.

[121] 于艳丽, 李桦. 社区监督、风险认知与农户绿色生产行为——来自茶农施药环节的实证分析 [J]. 农业技术经济, 2020 (12): 109-121.

[122] 于正松, 李同昇, 孙东琪等. 收益预期、成本认知、风险评估与技术选择决策——基于 338 家农户微观数据的考察 [J]. 科技管理研究, 2018, 38 (24): 202-210.

[123] 余威震, 罗小锋, 黄炎忠等. 内在感知、外部环境与农户有机肥替代技术持续使用行为 [J]. 农业技术经济, 2019 (5): 66-74.

[124] 余志刚, 宫熙, 崔钊达. 社会资本如何影响农户保护性耕作技术采纳? ——兼论价值认知和土地转入的中介调节效应 [J]. 农林经济管理学报, 2022, 21 (4): 414-423.

[125] 俞振宁, 谭永忠, 练款, 吴次芳. 基于计划行为理论分析农户参与重金属污染耕地休耕治理行为 [J]. 农业工程学报, 2018, 34 (24): 266-273.

[126] 苑春荟, 龚振炜, 陈文晶, 万岩. 农民信息素质量表编制及其信效度检验 [J]. 情报科学, 2014, 32 (2): 26-30.

[127] 苑甜甜, 宗义湘, 王俊芹. 农户有机质改土技术采纳行为: 外部激励与内生驱动 [J]. 农业技术经济, 2021, 316 (8): 92-104.

［128］张聪颖，冯晓龙，霍学喜. 我国苹果主产区测土配方施肥技术实施效果评价——基于倾向得分匹配法的实证分析［J］. 农林经济管理学报，2017，16（3）：343-350.

［129］张红丽，李洁艳，滕慧奇. 小农户认知、外部环境与绿色农业技术采纳行为——以有机肥为例［J］. 干旱区资源与环境，2020，34（6）：8-13.

［130］张嘉琪，颜廷武，江鑫. 价值感知、环境责任意识与农户秸秆资源化利用——基于拓展技术接受模型的多群组分析［J］. 中国农业资源与区划，2021，42（4）：99-107.

［131］张康洁，于法稳，尹昌斌. 产业组织模式对稻农绿色生产行为的影响机制分析［J］. 农村经济，2021（12）：72-80.

［132］张梦玲，陈昭玖，翁贞林等. 农业社会化服务对化肥减量施用的影响研究——基于要素配置的调节效应分析［J］. 农业技术经济，2023，335（3）：104-123.

［133］张淑娴，陈美球，邝佛缘. 不同经营规模农户生态耕种行为研究——以农药化肥施用为例［J］. 生态经济，2019，35（10）：113-118.

［134］张童朝，颜廷武，仇童伟. 年龄对农民跨期绿色农业技术采纳的影响［J］. 资源科学，2020，42（6）：1123-1134.

［135］张童朝，颜廷武，何可，张俊飚. 利他倾向、有限理性与农民绿色农业技术采纳行为［J］. 西北农林科技大学学报（社会科学版），2019，19（5）：115-124.

［136］张童朝，颜廷武，何可，张俊飚. 有意愿无行为：农民秸秆资源化意愿与行为相悖问题探究——基于MOA模型的实证［J］. 干旱区资源与环境，2019，33（9）：30-35.

［137］张文娥，罗宇，赵敏娟. 社会网络、信息获取与农户地膜回收行为——以黄河流域农户为样本［J］. 农林经济管理学报，2022，21（3）：40-48.

[138] 赵秋倩，夏显力．社会规范何以影响农户农药减量化施用——基于道德责任感中介效应与社会经济地位差异的调节效应分析 [J]．农业技术经济，2020，306（10）：61-73.

[139] 赵向豪，陈彤，姚娟．认知视角下农户安全农产品生产意愿的形成机理及实证检验——基于计划行为理论的分析框架 [J]．农村经济，2018（11）：23-29.

[140] 郑兆峰，朱润云，路遥等．农户地膜回收决策影响因素实证研究：基于云南省 9 个典型农业县的调查数据 [J]．生态与农村环境学报，2020，36（7）：890-896.

[141] 郑兆峰，朱润云，路遥等．农户地膜回收意愿和行为的影响因素研究 [J]．生态经济，2021，37（2）：202-208.

[142] 钟琳，朱朝枝，林锦彬．盈利预期、生态情感与农民创新技术采纳——对安溪县茶农微观数据的实证分析 [J]．福建论坛（人文社会科学版），2020，343（12）：118-127.

[143] 周力，冯建铭，曹光乔．绿色农业技术农户采纳行为研究——以湖南、江西和江苏的农户调查为例 [J]．农村经济，2020（3）：93-101.

[144] 周孟亮，刘洋，翟雪玲．农膜回收政策对棉农农膜回收行为的影响——基于新疆维吾尔自治区 1029 户棉农的调查数据 [J]．农村经济，2020（3）：84-92.

[145] 朱新华，蔡俊．感知价值、可行能力对农户宅基地退出意愿的影响及其代际差异 [J]．中国土地科学，2016，30（9）：64-72.

[146] Achmad B，Diniyati D. Consumption behavior of farmer households in Rural Sumbawa, Indonesia [J]. Indonesian Journal of Forestry Research，2018，5（1）：69-80.

[147] Asiedu-Ayeh L O，Zheng X，Agbodah K，et al. Promoting the adoption of agricultural green production technologies for sustainable farming：A multi-attribute decision analysis [J]. Sustainability，2022，14（16）：9977.

[148] Ataei P, Gholamrezai S, Movahedi R, et al. An analysis of farmers' intention to use green pesticides: The application of the extended theory of planned behavior and health belief model [J]. Journal of Rural Studies, 2021 (81): 374-384.

[149] Behera K K. Green agriculture: Newer technologies [M]. Nipa: New India Publishing Agency, 2012.

[150] Bukchin S, Kerret D. Food for hope: The role of personal resources in farmers' adoption of green technology [J]. Sustainability, 2018, 10 (5): 1615.

[151] Devi P I, Solomon S S, Jayasree M G. Green technologies for sustainable agriculture: Policy options towards farmer adoption [J]. Indian Journal of Agricultural Economics, 2015 (69): 414-425.

[152] Fishbein M, Ajzen I. Belief, attitude, intention and behaviour: An introduction to theory and research [J]. Philosophy & Rhetoric, 1975, 41 (4): 842-844.

[153] Gao Y, Zhao D, Yu L, et al. Duration analysis on the adoption behavior of green control techniques [J]. Environmental Science and Pollution Research, 2019 (1).

[154] Ghadiyali T R, Kayasth M M. Contribution of green technology in sustainable development of agriculture sector [J]. Journal of Environmental Research & Development, 2012 (7): 590-596.

[155] Grabowski P P, Kerr J M, Haggblade S, et al. Determinants of adoption and disadoption of minimum tillage by cotton farmers in eastern Zambia [J]. Agriculture, Ecosystems & Environment, 2016 (231): 54-67.

[156] Hamid F, Yazdanpanah M, Baradaran M, et al. Factors affecting farmers' behavior in using nitrogen fertilizers: Society vs. farmers' valuation in southwest Iran [J]. Journal of Environmental Planning and Management, 2021, 64 (10): 1886-1908.

[157] Khan M, Damalas C A. Farmers' willingness to pay for less health risks by pesticide use: A case study from the cotton belt of Punjab, Pakistan. Science of the Total Environment [J]. Volumes, 2015 (530-531): 297-303.

[158] Lamarque P, Meyfroidt P, Nettier B, et al. How ecosystem services knowledge and values influence farmers' decision-making [J]. PloS one, 2014, 9 (9): e107572.

[159] Núñez-Carrasco L, Cladera J, Cruz P J, et al. Social capital, biocultural heritage and commoning for ethical and inclusive sustainability of peasant agriculture: Three case studies in Argentina [J]. Bolivia and Chile Authors and affiliations, 2022 (1) .

[160] Preacher K J, Rucker D D, Hayes A F. Addressing moderated mediation hypotheses: Theory, methods, and prescriptions [J]. Multivariate Behavioral Research, 2007, 42 (1): 185-227.

[161] Rizwan M, Qing P, Saboor A, et al. Production risk and competency among categorized rice peasants: Cross-sectional evidence from an emerging country [J]. Sustainability, 2020, 12 (9): 3770.

[162] Schwartz S H. Normative influences on altruism [J]. Advances in Experimental Social Psychology, 1977 (10): 221-279.

[163] Sharifzadeh M S, Damalas C A., Abdollahzadeh G, Ahmadi G H. Predicting adoption of biological control among Iranian rice farmers: An application of the extended technology acceptance model [J]. Crop Protection, 2017 (96): 88-96.

[164] Sheppard B H, Hartwick J, Warshaw P R. The theory of reasoned action: A meta-analysis of past research with recommendations for modifications and future research [J]. Journal of Consumer Research, 1988, 15 (3): 325-343.

[165] Verma P, Sinha N. Integrating perceived economic wellbeing to

technology acceptance model: The case of mobile based agricultural extension service [J]. Technological Forecasting and Social Change, 2018 (126): 207-216.

[166] Walisinghe B R, Ratnasiri S, Rohde N, et al. Does agricultural extension promote technology adoption in Sri Lanka [J]. International Journal of Social Economics, 2017 (1).

[167] Wang S, Wang J, Zhao S, et al. Information publicity and resident's waste separation behavior an empirical study based on the norm activation model [J]. Waste Manage, 2019 (87): 33-42.

[168] Wang Z, Ali S, Akbar A, et al. Determining the influencing factors of biogas technology adoption intention in Pakistan: The moderating role of social media [J]. International Journal of Environmental Research and Public Health, 2020, 17 (7): 2311.

[169] Wossen T, Berger T, Di Falco S. Social capital, risk preference and adoption of improved farm land management practices in Ethiopia [J]. Agricultural Economics, 2015, 46 (1): 81-97.

[170] Zeithaml V A. Consumer perceptions of price, quality and value: A means-end model and synthesis of evidence [J]. Journal of Marketing, 1988 (52): 2-22.

附　录

新疆棉花种植农户绿色农业技术采纳行为问卷调查表

您好！我是石河子大学农业经济管理专业的博士研究生。为了更好地了解新疆棉花种植农户绿色农业技术采纳行为，特制定此问卷。本文"绿色农业技术"指棉花种植过程中相关生态农业种植技术，包括产前（干播湿出技术），产中（病虫害绿色防控技术、测土配方施肥技术、生物有机肥施用技术、科学施药技术、膜下滴灌技术），产后（保护性耕作技术、地膜回收技术）等。本问卷采用匿名方式，调查所得结果仅用于学术研究。衷心感谢您的支持和配合！

调查时间：＿＿＿＿＿＿＿＿＿＿调查具体地点：＿＿＿＿＿＿＿＿＿

一、农户基本情况

1. 您的性别：

□男　　　　　　　　□女

2. 您的年龄：

□18 岁以下　　　　□18~35 岁　　　　□35~45 岁

□45~55 岁　　　　□55 岁以上

3. 您的文化程度：

□没上过学　　　　□小学　　　　□初中

□高中/中专毕业　　□大专及以上

4. 您的身体健康状况：

□很好　　　　□较好　　　　□一般

□较差　　　　□差

5. 您是户主吗？

□是　　　　□否

6. 您在本村（连队）的社会地位：

□管理人员　　　　□普通村民

7. 您家庭成员或亲戚中有人在连队或者村委工作吗？

□有　　　　□没有

二、棉花生产情况

8. 您的棉花种植地所在地区：

□地方　　　　□兵团

9. 您从事棉花种植的年限：____年。

10. 您的家庭总人口（常住人口）：____人，其中种植棉花____人。

11. 您去年（2019 年）的家庭总收入大约是：____万元。

12. 您去年（2019 年）种植棉花去掉成本后的纯收入是：____万元。

13. 您的棉田面积为：____亩。其中自有土地（身份地）：____亩；流转他人土地（身份地）：____亩，流转年限____年；如有承包经营用地：____亩。

14. 您是否兼业（除了农业种植还从事其他行业，如打工）？

□是　　　　□否

15. 您是否加入合作社共同经营？

□是　　　　　　　　□否

16. 您加入的合作社主要为您提供以下哪些服务？（可多选）

□种子、化肥、农药等农资购置

□播种、中耕、收获等农机服务

□农产品运输　　　　□农产品储藏

□农产品销售　　　　□农业技术培训指导

三、绿色农业技术认知情况

17. 您获取农业信息的主要来源和渠道是？（可多选）

□电视、电脑等媒体　□连队或村委干部　　□村民职工

□亲戚好友　　　　　□技术人员（科技特派、科普等）

□企业技术服务

18. 您种植过程中遇到农业问题的咨询对象是？

□连队或村委干部　　□村民职工　　　　　□亲戚好友

□技术人员（科技特派、科普等）　　　　□企业服务人员

19. 您经常关注和查询农业技术类信息？

□非常赞同　　　　　□比较赞同　　　　　□不确定

□比较不赞同　　　　□非常不赞同

20. 您能够理解农技推广人员讲解的内容？

□非常赞同　　　　　□比较赞同　　　　　□不确定

□比较不赞同　　　　□非常不赞同

21. 您认为信息的相互交流可以带动大家共同致富？

□非常赞同　　　　　□比较赞同　　　　　□不确定

□比较不赞同　　　　□非常不赞同

22. 您能够利用获取的信息解决面临的问题？

□非常赞同　　　　　□比较赞同　　　　　□不确定

□比较不赞同　　　　□非常不赞同

23. 您是否关注农村生态环境问题（污染来源、治理途径、政策法

规等)？

　　□非常关注　　　　□比较关注　　　　□一般

　　□基本不关注　　　□完全不关注

　　24. 您认为保护生态环境与发展农业经济哪个更重要？

　　□生态环境　　　　□农业经济　　　　□同等重要

　　25. 您所在县、乡镇、团场、村等举办绿色农业技术相关培训如何？

　　□经常举办　　　　□很少举办

　　□没举办过　　　　□没关注过

　　26. 您对政府出台的保护农业生态的政策法规了解程度如何？（对农业生产技术指标、环境污染指标等要求）

　　□非常了解　　　　□比较了解　　　　□不确定

　　□比较不了解　　　□非常不了解

　　27. 政府对绿色农业技术的宣传推广力度如何？

　　□非常大　　　　　□比较大　　　　　□一般

　　□比较小　　　　　□很小

　　28. 政府对不采纳绿色农业技术的监督惩罚力度如何？

　　□非常大　　　　　□比较大　　　　　□一般

　　□比较小　　　　　□很小

　　29. 政府对绿色农业技术的奖励补贴力度如何？

　　□非常大　　　　　□比较大　　　　　□一般

　　□比较小　　　　　□很小

　　30. 您是否了解以下绿色农业技术？（可多选）

　　□干播湿出技术　　□病虫害绿色防控技术

　　□测土配方施肥技术　□生物有机肥施用技术

　　□科学施药技术　　□膜下滴灌技术

　　□保护性耕作技术（深耕深松等）　　　　□地膜回收技术

　　31. 您认为绿色农业技术操作简单，容易上手？

　　□非常赞同　　　　□比较赞同　　　　□不确定

□比较不赞同　　　　　□非常不赞同

32. 您认为绿色农业技术能够增加农业收入？

□非常赞同　　　　　□比较赞同　　　　　□不确定

□比较不赞同　　　　　□非常不赞同

33. 您认为绿色农业技术可以改善生态环境？

□非常赞同　　　　　□比较赞同　　　　　□不确定

□比较不赞同　　　　　□非常不赞同

34. 您认为绿色农业技术有利于农业农村发展？

□非常赞同　　　　　□比较赞同　　　　　□不确定

□比较不赞同　　　　　□非常不赞同

35. 您认为绿色农业技术可以提高生产效率吗？

□非常赞同　　　　　□比较赞同　　　　　□不确定

□比较不赞同　　　　　□非常不赞同

36. 您认为绿色农业技术能够提高农产品品质？

□非常赞同　　　　　□比较赞同　　　　　□不确定

□比较不赞同　　　　　□非常不赞同

37. 您认为绿色农业技术能够降低生产成本？

□非常赞同　　　　　□比较赞同　　　　　□不确定

□比较不赞同　　　　　□非常不赞同

四、绿色农业技术采纳情况

38. 您对绿色农业技术的采纳意愿如何？

□非常愿意　　　　　□比较愿意　　　　　□一般

□比较不愿意　　　　　□非常不愿意

39. 您向他人推荐绿色农业技术的意愿如何？

□非常愿意　　　　　□比较愿意　　　　　□一般

□比较不愿意　　　　　□非常不愿意

40. 如果效果好，您重复使用此项绿色农业技术的意愿如何？

□非常愿意　　　　□比较愿意　　　　□一般

□比较不愿意　　　□非常不愿意

41. 您持续关注绿色农业技术发展的意愿如何?

□非常愿意　　　　□比较愿意　　　　□一般

□比较不愿意　　　□非常不愿意

42. 您对本地金融保险服务的满意程度?

□非常满意　　　　□比较满意　　　　□一般

□比较不满意　　　□非常不满意

43. 您对本地农业技术服务的满意程度?

□非常满意　　　　□比较满意　　　　□一般

□比较不满意　　　□非常不满意

44. 您对本地农业机械服务的满意程度?

□非常满意　　　　□比较满意　　　　□一般

□比较不满意　　　□非常不满意

45. 您对本地流通销售服务的满意程度?

□非常满意　　　　□比较满意　　　　□一般

□比较不满意　　　□非常不满意

46. 您对以下棉花种植过程中的绿色农业技术采纳程度如何?

绿色农业技术	从不	偶尔	有时	经常	总是
干播湿出技术					
病虫害绿色防控技术					
测土配方施肥术					
生物有机肥施用技术					
科学施药技术					
膜下滴灌技术					
保护性耕作技术					
地膜回收技术					

47. 您在采纳某一种新的绿色农业技术时, 主要考虑以下哪方面

因素？

考虑因素	非常同意	比较同意	不确定	比较不同意	非常不同意
是否能够降低成本					
能否提高农作物产量					
能否提高农作物质量					
能否减少环境污染					
该技术是否容易操作					
是否能够降低行政处罚风险					
是否有政府的金融贷款					
是否能够得到经济补偿					
是否有专业人员的技术指导					
亲朋好友的建议					
其他农户使用后是否有效					
是否是每个农户的责任与义务					
是否对自己和他人都有好处					
是否对社会发展有益					
是否在道德上有必要采纳					
没有采纳会感到内疚					
是否符合价值观					

五、地膜回收情况

48. 您在棉花种植过程中是否进行地膜回收？

□是　　　　　　　　□否

49. 您在棉花种植过程中的地膜回收方式？

□人工回收　　　　　□机械回收

50. 您在使用地膜后是如何处置的？

□直接丢弃在地里　　□直接焚烧

□回收后卖掉　　　　□回收后丢弃在地头

51. 您认为地膜回收行为能够提高产量？

□非常赞同　　　　　□比较赞同　　　　　□不确定

□不太赞同　　　　□非常不赞同

52. 您认为地膜回收行为能够提升人居健康水平？

□非常赞同　　　　□比较赞同　　　　□不确定

□不太赞同　　　　□非常不赞同

53. 您认为地膜回收行为能够改善生态环境？

□非常赞同　　　　□比较赞同　　　　□不确定

□不太赞同　　　　□非常不赞同

54. 您认为地膜回收行为能够提高土地生产率？

□非常赞同　　　　□比较赞同　　　　□不确定

□不太赞同　　　　□非常不赞同

55. 您认为地膜回收与自己关系大不大？

□关系密切　　　　□关系一般　　　　□不确定

□关系不大　　　　□没有关系

56. 家人对自己地膜回收行为的支持力度如何？

□非常支持　　　　□支持　　　　　　□一般

□不支持　　　　　□完全不支持

57. 村委会和村干部对自己地膜回收行为的支持力度如何？

□非常支持　　　　□支持　　　　　　□一般

□不支持　　　　　□完全不支持

58. 政府对地膜污染回收的宣传教育和技术培训如何？

□非常大　　　　　□比较大　　　　　□一般

□比较小　　　　　□很小

59. 政府对废旧地膜回收的经济补贴力度如何？

□非常大　　　　　□比较大　　　　　□一般

□比较小　　　　　□很小

60. 政府对不按照规定回收废旧地膜的惩罚力度如何？

□非常大　　　　　□比较大　　　　　□一般

□比较小　　　　　□很小

61. 您所在地区政府对地膜回收是否有补贴？

□是 □否

62. 如果有补贴，您对地膜回收的补贴价格满意度如何？

□非常满意 □比较满意 □一般

□比较不满意 □非常不满意

63. 如果您对补贴不满意，您认为每亩地地膜回收补贴价格多少合适？

□20~25元 □26~30元 □31~35元

□36~40元 □40元以上

64. 地膜厚度加厚成本提高但是便于回收，您是否愿意选择？

□是 □否

65. 您是否愿意使用生物降解地膜？

□是 □否

66. 如果您不愿意使用生物降解地膜，那么可能的原因是？

□成本高 □容易坏 □保水性差

□不利于生产 □没听说过

67. 主动参与地膜回收行动的意愿如何？

□非常愿意 □愿意 □一般

□不愿意 □完全不愿意

68. 您看到他人焚烧残膜，主动上前制止的意愿如何？

□非常愿意 □愿意 □一般

□不愿意 □完全不愿意

六、农户生产经营情况

69. 您去年（2019）棉花种植成本。种子：＿＿元/亩；农药：＿＿元/亩；

化肥：＿＿元/亩；购买地膜：＿＿元/亩；灌溉用水：＿＿元/亩；

租用农机：＿＿元/亩；生产雇工费：＿＿元/亩；棉花亩纯收入：＿＿元/亩。

致　谢

　　花开花落万物道，聚散离别终有时。我的博士生涯始于 2018 年初秋，终于 2023 年盛夏，是结束，亦是开始。停笔沉思，三千往事浮现眼前。时光如白驹过隙，回首看，难忘的是师恩浩荡，难忘的是岁月温婉，难忘的是全力以赴的自己。

　　一朝沐杏雨，一朝念师恩。感谢我的导师雍会教授，从选题到最终成文，感谢您的字斟句酌和倾尽所有。从硕士到博士，您用了 8 年时间教会了我"脚踏实地，仰望星空"。无论是传道授业解惑，还是人生规划方向，感谢您的知无不言和包容体谅。感谢学院王力教授、程广斌教授、张红丽教授、祝宏辉教授、王太祥教授、胡宜挺教授、张朝晖教授、王永静教授的谆谆教导和悉心点拨，让我收获的不只是熠熠生辉的研究生生涯，还有独立思考的能力与终身学习的信念。愿你们桃李芬芳，教泽绵长。

　　天地宽广，父母恩大。感谢我的父母在我求学期间对我家庭和女儿的照料，感谢你们给予了我无私的爱与无条件的支持。今天之所以能够看到所谓的诗和远方，一切都是站在你们肩膀上。感谢我的妹妹张雪，不厌其烦地充当我的"吐槽机"和"小跟班"。家人永远是最坚强的后盾，养育之恩无以为报，愿你们身体康健，平安喜乐。

　　山水一程，有幸相遇。感谢我求学路上的"战友"——张嘉淇博士、韩庆丰博士、李黎博士、刘枢灵博士、王生贵博士、王盼盼博士、张文阁硕士，在我撰写和数据处理过程中的指点迷津，在我遇到困惑和倍感沮丧时的排忧解难。恍惚间，并肩而战的气势和欢声笑语的场景还历历在目。愿大家以梦为马，不负韶华，前程似锦，未来可期。

承蒙时光不弃，感恩与你相遇。感谢我的爱人师钰铭先生，工作上的鼎力支持，生活上的无微不至，性格上的包容谦让，感谢你的名言警句"我的事永远是第一位"。陪伴是最长情的告白，感谢在最美的年华遇到最好的你。感谢我的女儿小奶酪，给我生活带来无限快乐和感动。感谢所爱，共度温柔岁月，愿今后携手共进，奔赴未来。

岁月清浅，时光潋滟。感谢我的挚友——李斌、窦佳丽、李淑瑶一家三口，感谢缘分的相聚，感谢快乐的分享，感谢风雨的洗礼，感谢四季的温暖，感谢你们的出现，让我平平无奇的生活变得熠熠生辉。山水一程，三生有幸。愿岁并谢，与友长兮。

行文至此，百感交集。落笔之余引用唐朝诗人贾岛《剑客》中的一句诗词结束："十年磨一剑，霜刃未曾试。"10 年前初出茅庐来到石河子大学工作、学习、生活，10 年后的今天完成了当初设定的理想和目标。我始终坚信宇宙的山河烂漫，人间的点滴温暖都值得我洗净韶华、奋力前行。

最后道一句：山水相逢，终有一别。感恩相遇，后会有期。